治愈隐性虐待

10 种从心理虐待中康复的实用方法

［美］斯蒂芬妮·莫尔顿·萨尔基斯（Stephanie Moulton Sarkis） 著

龚伟峰 译

机械工业出版社
CHINA MACHINE PRESS

无论是朋友、家庭成员，还是同事之间的关系都需要悉心呵护，即使是最亲密的关系也会有起伏。但是，当竞争、冲突、嫉妒、怨恨、敌意、虐待和控制行为出现时，就表明一段关系已经变质了。

本书作者经过多年的研究提出了科学且验证有效的10个基本步骤，从恢复自尊、自我护理、避免产生有毒的关系等方面着手，为正在经历心理虐待的人们提供了自我核查、治愈和康复的系统解决方案，从而终止有毒的关系，持续拥有积极的心态、充实的生活和健康的关系。

Healing from Toxic Relationships: 10 Essential Steps to Recover from Gaslighting, Narcissism, and Emotional Abuse

Copyright 2022 by Sarkis Media LLC

Simplified Chinese edition copyright 2023 by China Machine Press Co., Ltd.

This edition published by arrangement with Hachette Go, an imprint of Perseus Books, LLC, a subsidiary of Hachette Book Group, Inc., New York, New York, USA.

All rights reserved.

This edition is authorized for sale in the Chinese mainland（excluding Hong Kong SAR, Macao SAR and Taiwan）.

此版本仅限在中国大陆地区（不包括香港、澳门特别行政区及台湾地区）销售。

北京市版权局著作权合同登记　图字：01-2022-4539号。

图书在版编目（CIP）数据

治愈隐性虐待：10种从心理虐待中康复的实用方法 /（美）斯蒂芬妮·莫尔顿·萨尔基斯（Stephanie Moulton Sarkis）著；龚伟峰译 . —北京：机械工业出版社，2023.6

书名原文：Healing from Toxic Relationships: 10 Essential Steps to Recover from Gaslighting, Narcissism, and Emotional Abuse

ISBN 978-7-111-73215-0

Ⅰ.①治… Ⅱ.①斯…②龚… Ⅲ.①伤害–关系–心理–研究 Ⅳ.①B845.67

中国国家版本馆CIP数据核字（2023）第097501号

机械工业出版社（北京市百万庄大街22号　邮政编码100037）
策划编辑：刘怡丹　　　责任编辑：刘怡丹
责任校对：张亚楠　张　征　责任印制：单爱军
北京联兴盛业印刷股份有限公司印刷
2023年7月第1版第1次印刷
148mm×210mm·10.125印张·175千字
标准书号：ISBN 978-7-111-73215-0
定价：69.00元

电话服务　　　　　　　　　网络服务
客服电话：010-88361066　　机 工 官 网：www.cmpbook.com
　　　　　010-88379833　　机 工 官 博：weibo.com/cmp1952
　　　　　010-68326294　　金 书 网：www.golden-book.com
封底无防伪标均为盗版　　　机工教育服务网：www.cmpedu.com

本书献给历经创伤的你

愿你在治愈自己的旅程中找到希望

前　言

　　当简的母亲喝得酩酊大醉时，她觉得自己永远无法讨得母亲的欢心。有时候，母亲会大发雷霆，将生活的一切不幸归结于生儿育女——她希望孩子们从来没有出生过。对于简的存在，母亲似乎最为不屑——她会故意将简绊倒，随后就是一通拳打脚踢。她甚至命令简的妹妹也来踢简。每到这时，父亲便会躲到外面或者换个房间，关上房门。他总是告诉简："尽量别让你妈妈难过。"

　　成年后的简对这种混乱的生活习以为常，她甚至从中品尝到一丝舒适的滋味。一段健康的关系在她看来反而有些无聊。她对一点点惊吓都表现得极为夸张，当有人提高音量时，她便坐立不安，魂不守舍。简深知自己的缺点，所以她全身心投入工作，希望可以弥补不足。在朋友眼中，简是名副其实的工作狂。但她最近丢了工作，生活每况愈下。

　　哈西姆入职时，老板称他要加入的是一个亲密无间的团队。他的新上司也说："我们就像一家人。"哈西姆很快发现，

"一家人"倒是不假，可惜是不太正常的一家人。哈西姆的同事萨尔抢走了他的功劳，包括他花了六个月时间开发的一个项目。萨尔会说各种污言秽语，侮辱哈西姆的种族，还要故意让他听到。哈西姆很好奇其他同事与萨尔的相处模式是怎样的。莎拉说："萨尔通常会在人群中锁定一个目标。"周围的人点头表示赞同。"我会选择无视他……尤其是不被萨尔针对时，无视他会比较容易。"

有一天，萨尔在员工会议上公开批评了哈西姆："哈西姆，你根本就是在这里浑水摸鱼，但我一点也不意外，大家都知道你的本质就是懒惰。"

哈西姆忍无可忍。他一字一顿地回应："萨尔，请停止对我以及大家的职场霸凌，你就要触犯众怒了。"但当哈西姆环顾四周寻求支援时，所有人都沉默了。后来，一位同事表示，他不想发声，因为他不想再招惹萨尔。哈西姆向老板检举了萨尔的所作所为，可老板却说萨尔是"模范员工"，他从来没有听说过有人和萨尔闹矛盾。现在，哈西姆每天醒来都有一种恐惧的感觉。萨尔则声称哈西姆的行为对他构成了骚扰。哈西姆打算换其他工作了。

肯和萨布丽娜在高中相恋，"混乱"的家庭是二人的交

集——他们的父母夜夜争吵不止。不知不觉间，他们以父母为"榜样"，为自己的浪漫关系也注入了矛盾与冲突。尽管争吵偶尔会升级为推搡，但他们总能重归于好。争吵或许真能加固二人的感情呢？哪怕要去不同的地方上大学，他们都认为距离绝不会冲淡真挚的情感。然而现实中，异地恋让萨布丽娜意识到：当肯不在身边，她才真的感到安宁。

肯似乎发觉萨布丽娜在有意疏远他，他会给她打电话、发短信，询问她在哪里以及和谁在一起。他还在社交媒体上发布与其他女孩聚会的照片，用自己的开心激起萨布丽娜的妒忌。萨布丽娜落入圈套，开始失眠。她无心学习，忍不住一直关注他的动态，成绩一落千丈。她决定结束这段关系，于是给肯发送了分手短信，并拉黑了他的号码、电子邮件和社交媒体账户。当天晚上，肯出现了。起初，萨布丽娜有些受宠若惊，想着肯一定很爱她，才会跑来找她。但随后他开始在公寓外破口大骂。萨布丽娜一直关着灯，没有回应。现在，每隔一段时间，肯就会用一个未知号码给她发信息，表现得像是在问候近况。这些信息总是让萨布丽娜感到恶心，她不知道自己该如何脱身。

读到这里，你可能十分理解简、哈西姆和萨布丽娜的

感受。任何关系，无论是朋友、家庭成员，还是同事之间的关系都需要悉心呵护，即使是最亲密的关系也会有起伏。但是，当竞争、冲突、嫉妒、怨恨、敌意、虐待和控制行为出现时，就表明一段关系已经变了质。

也许你刚刚结束了一段有毒的关系，或是正在考虑离开一段有毒的关系。而告别这段关系之后的生活也免不了一番挣扎。你可能会感到伤痕累累、自尊心受挫；你可能会感到愤怒和背叛；你可能会苛待自己，为他人的过错而自责不已；你还可能会有些麻木，不确定如何继续前进；你可能仍在探索不同的选项，没有准备好彻底告别一段有毒的关系；你可能由于财物方面的牵绊，暂时无法走开。

也许你读这本书不是为了自己。你可能是一位心理医生，致力于帮助那些在不正常家庭中成长或遭遇家庭暴力、亲密伴侣暴力的客户走出困境。某个经历过有毒关系的人，可能恰好是你牵挂且在意的对象。虽然你不能代替他们解决问题，但这本书可以提示你如何恰当地为他们提供帮助和支持。

无论你的情况如何，我想告诉你，你的感觉是完全正常的，而且你有能力摆脱这一切。你可以走出阴霾，治愈自己。

我为什么会关注这个主题

作为一名临床医师，我所在的私人诊所专门治疗焦虑症、自恋型虐待和注意缺陷多动障碍（ADHD）。上述人群经常成为有毒人士的侵害目标，我也因此看到了更多从情感虐待和有毒的关系中走出的幸存者。我还是佛罗里达州最高法院的认证家庭调解员和巡回调解员，曾目睹有毒的关系如何在法律系统中，特别是在监护权纠纷中形成障碍。有毒的人倾向于拖延案件进程，而不是试图解决它们。经验丰富的法官和律师通常能迅速识别相关迹象。然而，某些有毒的人极其擅长幕后操纵，令心理健康专家都难以识破。

我深知有毒的环境所能造成的伤害，同时也发现了其中一些特定的行为模式，尤其是"理想化、贬低和抛弃"的循环、情感虐待和情感操控（相关细节我将在第 1 章中详述）。我的上一本书《情感操控》（*Gaslighting: Recognize Manipulative and Emotionally Abusive People—And Break Free*），探讨了情感操控的各种形式，并帮助读者识别和跳出糟糕的关系。从业 20 年，有越来越多的客户向我反馈，他们的伴侣、家人、雇主和同事存在情感操控行为，其行为模式呈现出如下特征：有毒的人把目标对象吸引到身边，让他们越陷越深，然后突然把他们推开。许多客户在第一次参加治疗时，会怀疑自己是否是关系中的有毒一方——而事实上，对方的行为才是不恰当的，甚至是危险的。当"情感操控"的概念逐渐为大众所知晓，更多的客户开始在治疗中披露自己的经历。在某些案例中，客户被困在一段有毒的关系中长达数年，期间试图离开，之后又陷了进去。在我看来，只有先屏蔽接触，他们才有可能重建自己的生活。当来访的客户能找到一个恰当的概念来描述遭遇时，他们便可以更好地认识这种行为，并最终与之解绑。

《情感操控》主要讲述了如何识别和脱离有害的关系，而你正在读的这本书则是这一主题的延续，走近"劫后重生"的日子，并分享了自我保护、自我治愈，以及避免再次落入有毒的关系的方法。

本书的结构

首先要提醒的是，后文将随机使用"他""她""他们"和"她们"等代词进行案例介绍，以此来说明任何性别都可能出现相关行为。任何性别的人都可能是加害者，都可能虐待或操纵他人。虽然你更经常听到"那个男人有毒"，但女性也确实会做出"有毒"的行为（尽管来自女性的虐待有时易被忽略或不被视为虐待）。同女性一样，经历过"毒害"和虐待的男性理应得到支持和治疗，性少数群体当然也不例外。希望本书有助于纠正此类误解。我还希望扩展大家对有毒行为的认知，它不只存在于恋爱关系中，也存在于朋友、家人和同事之间。

当你在阅读这本书时，也许会觉得"这应该对我不适用吧"或"我的情况不是这样的"。要知道，虽然有毒的关系呈现出某些共性，但每段关系都是独特的。这绝不是一本放之四海而皆准的书。不过，即使你认为某个特定部分对你的帮助有限，但是我依然鼓励你阅读全部内容。有毒的关系和情况是相当复杂的，你可能会在一个意想不到的地方得到启发。

本书的章节构成如下：在第 1 章"这一切是如何发生的"中，你将学习如何界定一段关系是否有毒。你还将练就一双慧眼，发现真正的有毒人士。如果在成长过程中遇到过太多情绪不健康的人，那么你很容易判断失误。而准确的判断可以帮助你针对一段关系做出更明智的决定。

摆脱有毒之人的最好方法是阻止他们与你联系——包括短信、电话、电子邮件和社交媒体等各种方式。在第 2 章"尽力避免接触"中，你将了解为什么"保持无线电静默"，不向对方发出任何信号，是重新夺回生活主动权的绝佳方法。倘若无法跟对方断绝所有联系，比如你们要继续在职场共事或共同照顾孩子，本章也提供了相应建议。

在第 3 章"释怀还是忘怀"中，你将意识到，在告别一段有毒的关系后，你也许不会获得任何形式的"了结"。剧情如何落幕要靠你自己书写，但这项任务十分艰巨，有些时候你会质疑自己的能力。请记住，为了得到治愈并过上情绪健康的生活，传统意义上的"有个了结"并非必要条件。

或许你会因为一段有毒的经历而责怪自己，但在第 4 章"原谅自己"中，你会发现：人们往往无法从一开始就知道谁是有毒的。当你和有毒之人走到一起时，你不是有过错的一方（虽然对方会竭尽全力推卸责任）。治愈自己的其中一项任务便是敞开心扉，接受这个事实。学会原谅和放手是非常重要的。

在第 5 章"建立界限"中，你将学会在自己和有毒之人中间建立屏障。健康的界限包括友善沟通、善待自己的物品和宠物，以及生活范围内的安全感。建立界限、让对方知道如何跟自己相处是需要付出努力的。有毒之人总是在试图破坏或无视界限，本章将教会你如何坚守原则。

极少有人能够独自治愈创伤，与心理健康专家交谈可以帮助你理清感受，在专业人士指导下让伤口愈合。在第 6 章"向专业人士求助"中，你将了解不同类型的心理健康专家和他们可以提供的治疗服务，例如认知行为疗法和焦点解决疗法等。你还会学习如何判断一位心理咨询师是否适合你。

在第 7 章"关爱自己"中，你将重新认识自我关怀和自我同情的关键意义。你需要投入时间，参与愉快的活动，养成良好的睡眠习惯。当你关爱自己时，就会更容易处理好疗伤路上的起起伏伏。当你善待自己时，周围的人才有可能学会善待你。

你或许以为从有毒的关系中劫后重生只能指望自己。这种孤立的感觉是情感虐待的产物，同时也是极为糟糕的。自恋者等有毒之人不希望你与其他人保持关系和友谊，因为这不利于他们实现对你的绝对控制。治愈自己的又一项任务是与情绪健康的朋友和家人重建关系，并打造新的社交圈。通过第 8 章"重新出发"，将自己重新介绍给那些你最想结交的对象吧。

摆脱有毒的环境后，或许你会经历前所未有的伤感。这种心境从你处于这段关系之中时就已经开始了。第 9 章"告别感伤"将带你了解悲痛其实是理解自身经历的必要条件，"失控"的感觉也是再正常不过的。一段有毒的关系所导致的悲痛是复杂的，你甚至能同时体验到多种情绪。但走出悲痛不是难以企及的——本章将帮助你度过这一关。

在第 10 章"志愿服务"中，你将领悟"渡人如渡己"的道理。志愿服务提供了一个与他人接触的机会，你们可以共同专注于一个积极的目标。你将学习如何鉴别一个组织是否健康，如何响应自己内心的召唤，以及如何为经历过有毒关系的人提供援助。

在第 11 章"预防"中，你将学会运用从有毒的关系中获得的信息来识别有毒的人和状况。成功脱身的你可能会在与人相处时过于敏感。要学会辨别自己感受到的究竟是恐惧还是准确的直觉，熟悉常见的警示信号。如此一来，你便能继续拥有充实的生活和健康的关系了。

本书的章节按照从宽泛到具体的逻辑进行编排，先对有毒的关系进行概述，再具体讨论如何从心理虐待中康复。虽然我建议你读完所有的章节，但是不按顺序阅读也没关系，因为每一章都聚焦一个相对独立的主题。在书中各个部分，你会看到人们讲述的各自的经历。本书还提供了大量核查表和帮助你实现治愈的活动。例如，你会发现写日记是记录进展和感悟的绝妙方式，如果你还没有日记本或记事软件，不妨现在就做好准备。你还将意识到，积极的心态有助于缓解焦虑、抑郁和悲痛，良好的睡眠习惯有助于更清晰地思考和决策。

请使用本书来指导你完成治愈，重获新生。现在，你已经迈出了第一步。接下来，让我们拨开迷雾，看清楚有毒的关系是如何形成的。

目　录

治愈隐性虐待

第 1 章

这一切是如何发生的

一段有毒的关系是什么样子的，如何
识别有毒之人

没有人希望陷入一段有毒的关系。然而事态突变，不知不觉间便危机重重。例如，你的雇主看似处处为你着想，但后来你发现他常常厚此薄彼；伴侣起初对你大献殷勤，但他的虐待倾向与日俱增；再者，你可能在不健康的家庭环境中长大——母亲只有在不喝酒时才对你关爱有加，或你的兄弟姐妹在家中备受宠爱，而你却备受冷落。有毒的关系可呈现出多种形态，有些甚至十分隐秘，当事人要经历数月乃至数年的折磨，才能看清现实。

这段关系真的有毒吗？

你可能会说："就是因为知道有毒的关系的存在，我才来读这本书的。"但你也许并不清楚自己是否正处于有毒的关系中。现在，不妨问一下自己：下列说法有多少与你的情况相符？

1. 自从认识这个人之后，我的身体有了更多的病痛——其中一些病痛纯粹是由压力导致的，或是因压力而加剧。

2. 值得信赖的朋友和家人都说，与此人来往不利于我的身心健康。

3. 这个人的一言一行令我有被贬低的感觉。

4. 与他的交往使我一直处于情绪混乱的状态。

5. 我不再相信自己的判断。

6. 我将别人的需求放在自己的需求之上。

7. 我因为他人的过失而责备自己。

8. 我发觉自己逐渐失去了往日的活力。

9. 我始终觉得自己不够好。

10. 我的工作遭人破坏／我的设备遭人入侵。

11. 我花费许多时间在网络上搜索相关状况，但迟迟不肯采取行动做出改变。

12. 这个人煽动我的同事、朋友和家人与我反目。

13. 她告诉我，我是个疯子，没人会爱我。

14. 他对我说了很多刻薄的话，并宣称那些话来自我的家人和朋友。

15. 这个人告诉我，很多人都知道我是个疯子。

16. 我害怕改变现状或离开这段关系。

17. 这个人推搡 / 殴打 / 掌掴我，或者阻止我离开。

18. 我的生存权受到严重威胁 / 我觉得自己低人一等。

19. 我有自我伤害的行为。

20. 因为这个人，我曾想过结束自己的生命。

如果你认同其中一条说法，那么你可能已经遭遇有毒的关系了。你认同的说法越多，可能性就越大。简单地说，若一段关系中存在操纵、虐待、情感操控（见第 17 页），那便具备了"有毒"的条件。这段关系会在精神上、情感上，甚至身体上为你制造伤害，让你失去自我。你自认是个通情达理的人——至少在陷入这种关系之前是这样的。现在你可能觉得自己只是一副空壳。有毒之人就像能量的吸血鬼。哪怕只是靠近他们，就会让你感到自己被掏空。

值得注意的是，你可能在想，"我的情况似乎没有那么糟糕；我听到过其他更糟糕的情况"。要知道，有毒和虐待关系有诸多迹象，因此并不一定要满足上面所有 20 条陈述。有毒的关系通常在一开始没有明显的异常，但其威力随时间推移逐步显现，而你却难以察觉。请查阅第 12 页"这是虐待吗？"获取更多细节。

表现出有毒行为的人通常也有自恋倾向，在这本书中，我偶尔会把有毒之人称为自恋者。自恋者倾向于不为自己的行为负责，觉得自己应该享有某种特权，表现得好像比别人更"高贵"，通常以自我为中心。在自恋者心中，"他人"是拿来利用的。你可能觉得自恋者在向你表示同情，但其实她只是在展示辨别他人情感的能力——她的话语背后没有真情实感，只是让你误以为她在乎罢了。你或许听说过自恋型人格障碍（NPD），人们可能有自恋的迹象，但并不一定是自恋型人格障碍。自恋的程度有轻重之分，轻者可能只在压力骤增时才显现出来，而重者，一系列的自恋症状会影响他的正常生活和人际关系。（当然，没有自恋特征的人同样可能是有毒之人。）

以下迹象也可用于判断有毒的关系或状况：

- 病理性说谎。

- 抱怨你或他人的行为，但拒绝任何解释或反馈。

- 将自己描绘成所有关系中的受害者。

- "拉力 + 推力"行为——在"惩罚"和"奖励"你之间来回摇摆。

- 让你和其他人对立，或让孩子们相互对立。

- 不尊重他人的界限。

- 阴晴不定，喜怒无常。

- 骚扰和跟踪。

- 威胁要通过法律手段使你破产。

- 抛弃你，或威胁要抛弃你。

- 在密闭空间（如车内）对你高声吼叫，令你无处躲避。

- 在离家很远的地方，将你抛弃在半路。

- 怂恿你伤害自己。

- 将他们所犯下的错误归咎于你。

- 对你恶语相向，而事后坚称只是开玩笑。

- 贬低你。

- 任何形式的身体虐待，包括阻止你离开。

- 对儿童和宠物的虐待。

- 翻阅或隐藏你的物品。

- 当你出门在外时，擅自进入你家。

- 拒绝谈及他们对你的所作所为。

- 侵入你的电子设备。

- 告诉你有人讲过你的坏话。

- 拒绝为自己的行为负责。

- 破坏你在别人心中的声誉。

- 未经允许，用你的名字签署文件。

- 偷窃你的东西，包括未经许可使用你的信用卡，或以你的名义开设信用卡或其他账户。

- 迫使你辞去工作，将你困在家里。

- 指责你为自己辩护。

- 强迫你去工作。

- 威胁要将你驱逐出境。

- 没收你的护照或其他法律文件。

在情侣关系中

- 长期的不忠行为。

- 经常提起前任们，并对他们横加指责。

- 强迫你进行性行为。

- 强奸，包括在你睡觉时或无法明确表达个人意愿时，
与你发生性关系。

在家庭关系中

- 强迫或胁迫你照料年长或生病的家庭成员。

- 威胁要与你断绝关系。

- 与你的伴侣或配偶调情或试图搭讪。

- 平时极少往来，却突然到家里找你。

在工作场所

- 抢走你的功劳。

- 在你不知情的情况下，频繁或大幅度地更改截止日期。

- 在毫无根据的情况下，对你的工作表现给出差评。

- 不允许你在工作日内适当休息。

- 强迫你透露请病假的原因。

- 将你私下向老板说明的健康问题泄露给同事。

- 拒绝支付你的工资或出具纳税证明。

- 威胁要因一些小错而解雇你。

- 指使你伪造文件。

上述任何行为都是值得注意的，如果你还没有咨询过治疗师或心理健康专家，我建议你与他们见面，讨论你的情况。（在第 6 章中，我们将深入介绍心理健康专家——他们是谁、他们如何工作，以及如何与他们交流。）

有毒关系的三个阶段

除了上面列举的行为，还可通过有毒关系的三个阶段来进行判断识别，即理想化、贬低和抛弃。三个阶段按照我列出的顺序出现，让我们依次来看。

有毒之人巧舌如簧，擅长做表面文章。一开始，你觉得表里如一。例如，新男友用甜蜜炮弹对你进行"狂轰滥炸"。在他眼里，你是最独特的存在；他还用各种礼物表达对你的崇拜。你的老板可能告诉你，你是公司里最聪明的员工。你的哥哥当着你的面跟朋友说，没有你他会无比失落。你的闺蜜告诉你，你是她唯一需要的朋友。他们将你视作"人间理想"，仿佛你是完美无缺的，这就是有毒的关系中"理想化"的阶段。然而，这并不是他们的真实感受。

自恋者需要得到呼应，或者说需要一个让他的自我得到满足的方式——倘若有人称赞他、宠爱他，不断给他关注，他就可以掩盖深层次的不安全感。"甜蜜炮弹轰炸"就是把你留在身边的伎俩：你爱听什么，他就说什么，你更可能愿意跟他深入来往。按理说，开始一段新的关系总会给人兴奋和新鲜的感觉；但理想化阶段的甜蜜攻势有些太过猛烈了，它产生的美妙感觉令人难以置信。如果有人急于和你确立关系，企图将你彻底占有或让你脱离原有的圈子，那么你要非常警惕。你可能发现你和这个人有很多共同点，多到令人毛骨悚然。然而，他只是刻意跟你保持同步，为你制造默契的幻觉。他可能会问你是否已经全情投入，一旦得到肯定答复，确认你落入圈套，"贬低"就开始了。

"人间理想"逐渐变得一文不值。首先，这个有毒的人可能会小声对你品头论足——关于你的外表或你的行为。然后，她可能开始公然发表评论，甚至在其他人面前批评你。她开始挑剔你无法改变的事情，例如，你的身高或身体的特征。曾经你做什么都是对的，但现在一切都变了。你感到尴尬和羞愧。你开始责备自己。这个曾把你视若至宝的人，怎么会认为你很糟糕？

你发觉她在大家面前总是那么美好。你认识的每个人都崇拜她，或者至少认为她是个不错的人。然而，当她生气时又换上另一副面孔。抓到她的破绽时，她一定会否认或指责你，绝不会表示忏悔。她说，你看到或听到的不是真的，你这么想一定是疯了。

每隔一段时间，她又会重新示好。有时是在吵架之后（尽管她从不为自己的行为道歉）；有时，贬低似乎没有任何原因就发生了。这种反反复复的行为被称为间歇性强化。由于不知道"美好"版本的她下次何时会出现，你往往会坚持守候更长时间。低谷十分难熬，但美好时刻的"奖励"着实美妙。我们的大脑会对这种不可预测性上瘾，离开这段关系也就难上加难了。作为一个有同情心的人，你可能会为她的反复无常而责备自己（觉得自己负有一定责任，但我想让你知道的是，现在的状况不是你的错）。有毒的人极有可能跟你说过，她变成这样完全是因为你先前的某些行为。这种推拉撕扯的有毒关系还会导致创伤性联结（我稍后会在本章详述）。

失去宠爱的你很快就要被抛弃了。"抛弃"和最初的

"理想化"一样突然，一样强烈。你遭受双重打击——你幻想中美好的他根本不存在，而他现在的样子令你崩溃。

抛弃是迅速而残酷的，并且往往难以理喻。愤怒有时是抛弃的导火索。你以某种方式伤害到他的自恋，或威胁到他的自负。例如，你没有"服从"他，你戳穿了他的欺骗行为，他知道你就快看透他的把戏了，或者你谈到他的行为令你担忧。导火索可能是一件微不足道的事，总之你即使思考很久也很难搞清楚他为什么突然怒不可遏。要记住，你没有做错任何事。

有毒之人通常不太认可客体恒常性（object constancy）——这一心理学概念表示的是就算一段关系中出现矛盾和波折，这段关系依然能够稳定存在。一个健康的人会与他人相爱，但她也会接受伴侣或朋友偶尔做一些让她不高兴的事情。一个健康的人也明白，她可以在互相尊重的前提下解决这些问题。自恋者崇尚"焦土作战"，他会以一种丑陋的、令人震惊的方式结束一段关系。

> "当他知道自己得到我了，贬低就很快发生了。抛弃是冷酷和残忍的。他完全变了个人，好像从未心动过。他的眼神没有温度，没有感情。"
>
> ——阿伊莎，32岁

阴魂不散

在抛弃你之后，有毒之人可能会将你晾在一边，偶尔投来些许关爱，防止你彻底离去。当她认为就要失去你时，她会阴魂不散，试图把你吸回到有毒的关系中。一旦她觉得已经给予你相应的"惩罚"了，或渴望获得更多关注了，抑或你有新的用处了，她可能会联系你。有时她会留下一条隐晦的短信来诱惑你回话，或者她会发一条语音留言，表现得好像你们两个人的关系仍然很好。

正常的想法是，也许她这次改过自新了——当对方表现不好的时候，我们往往会期待某种程度的改观。然而，在大多数情况下，一个有毒的人还会故技重施。她可能只是在确认，你是否愿意回复她的信息。这就意味着，人们往往无法一次性就彻底告别有毒的关系。

幸好这些伎俩同样有迹可循。他们可能会告诉你他们想你了——但他们很少为自己的行为道歉。如果你要求他们道歉，他们的态度可能立即从友好变成咄咄逼人。为了能将你挽回，他们可能什么话都说得出口。她会向你承诺事情会变得不同，或者提供她认为能让你回到她身边的确切条件。例如，前男友可能会告诉你他终于准备好结婚生子了；你的母亲可能会说她决定尝试戒除酗酒的 12 步治疗法；或者如果你留下来，老板同意给你加薪。然而，当你回到这段关系后，这些计划却已消失得无影无踪了。当你提起这个话题时，对方要么选择回避，要么会说正因为你做了什么，所以他才重新考虑这些承诺。这种自恋者的画饼术被称为"伪造未来"。你感受到的情感虐待只会更加严重。你很可能发现自己的身体也会受伤，我们将在第 11 章进一步探讨这个问题。

最让人不解的是，有毒的关系有它短暂的美好。当沐浴在美好之中时，你会希望它永远延续下去。然后，有毒的部分便开始了，这种模式是典型的虐待循环。如果一段关系在 90% 的时候是美好的，但在 10% 的时候是不健康的，那么它仍然是一种有毒的关系。仅仅因为某人有时对你很好，并不能抵消其虐待行为。

"当我和他在一起时，我真的无比快乐。他把我推下楼梯，扇我耳光，还跟踪我——这些时刻除外。"

——帕姆，29 岁

这是虐待吗？

当我与客户见面，并将他们所经历的事情称为"虐待"

时，他们最初是抵触的。在描述你们的关系时，你可能不愿使用"虐待"这样的字眼。你可能会想，"他有些暴躁，但我不会称之为虐待"，或者"我们只是冲突比较多而已"。重要的是要认识到，虐待行为有多种形式。我们通常认为虐待指的是身体暴力，例如，打人、踢人和打耳光。即使对方从未对你采取过身体暴力，这段关系依旧可能存在虐待。除了身体虐待，它还可以是性虐待、财务（或经济）虐待、言语虐待以及情感和心理虐待。情感和心理虐待也被称为"胁迫控制"，它可以和身体虐待一样具有破坏性。

在所有这些类型的虐待中，施虐者的目标是获得控制和权力。你对施虐者的依赖性越强，停留的时间越久，你就越难离开。施虐者对这一点非常清楚。施虐者尤其希望确保你不向其他人透露自己遭遇虐待。

问一问自己，对方是否曾经对你做过以下事情。

身体虐待

- 掐你。
- 过度地挠痒戏弄。
- 堵住你的出口或逃跑路线。
- 咬你或向你吐口水。
- 打人、踢人、揍人、打耳光。

- 把你抛在某地，把你踢出车去或拒绝带你回家。

性虐待

- 嘲弄你的身体或性表现。
- 拿性生活当筹码。
- 通过拒绝性行为来"惩罚"你。
- 在你睡觉或失去意识的时候与你发生性关系。
- 强迫你进行性行为。

财务（或经济）虐待

- 限制你的开销。
- 拒绝在任何财务文件上填写你的名字。
- 拒绝购买食物或衣服。
- 扣留你的钱作为"惩罚"。
- 强迫你把收入上交。
- 强迫你辞掉工作。
- 威胁要告诉你的雇主你的情绪不稳定。
- 拒绝让你使用交通工具。

言语虐待

- 用龌龊的语言称呼你。
- 对你大骂和尖叫。

- 说你的穿着过于挑逗。

- 在其他人面前批评你。

- 在你的孩子面前贬低你。

情感（或心理）虐待

- 阻止你接近家人和朋友。

- 告诉你别人说了你的坏话，让你和别人对立起来。

- 当你表现出独立的迹象时，对你进行规劝和羞辱。

- 质疑你作为父母的能力。

- 威胁说要把孩子从你身边带走。

- 羞辱你，让你不敢将受虐事实告知他人。

- 通过对比他人让你自愧不如。

- 让你质疑自己感受到的现实。（见第 17 页的"什么是情感操控？"）

你可能会用施虐者的方式反击回去，包括大喊大叫、身体暴力或沉默不语。由于你知道这些行为是错误的，你可能会对这样的自己感到失望和不安。但"以毒攻毒"并不意味着你是个坏人。你正在努力从绝望处求生存。你可能已经受到身体或情感上的威胁。你可能已经被禁足了。为了度过这一天，家庭暴力的受害者，包括情感虐待的受害者，会诉诸施虐者惯用的行为——因为唯有如此才能让侵害停下来。

当你表现出与施虐者同样的行为时，这被称为反应性虐待。这并不代表你有虐待倾向。然而，施虐者可能会反过来说，你才是真正的虐待者。她可能会告诉你，她才是真正的受害者。不要相信这些话。你究竟如何，取决于你一生的行为模式。如果你在早期没有虐待行为，那么现在的情况可能是出于对被虐待的反应。或许你觉得我这是在为你开脱——让你相信，与有毒之人相比，你的行为貌似没有那么严重。但不是的，对真正的威胁做出反应，是自我防御的体现——这绝不意味着你与施虐者同流合污了。

倘若你成功从施虐者身边逃脱了，仍有必要参加心理咨询，用这个过程来消解自己的羞愧和内疚。关于心理咨询的更多建议，请见第 6 章。

"他告诉我，工作占用了我太多的时间，他需要我在家里。我就辞职了。现在我意识到，他只是想把我孤立起来。"

——金杰，50 岁

"我告诉她，我不喜欢她对待我的方式。她直接在半路把我赶下了车，然后飞驰而去。"

——梅丽莎，43 岁

什么是情感操控？

情感操控是心理和情感虐待的一种形式。施虐者通过一系列操纵手段，让受害者怀疑自己的判断和感受。随着时间推移，受害者感到他正在失去理智，无法信任自己对世界的认知。然后，他更加依赖施虐者来确定所谓"正确"的现实。

施虐者（或操控者）的最终目标是获得对一个人的控制和权力，从而获得对方所有的注意力。一些情感操控者可能有某种心理健康障碍，例如，自恋或反社会倾向，以及自恋型人格障碍等。

情感操控行为包括以下内容：

- 告诉你看到或听到的只是幻觉。

- 经常出轨，却执着地指责你对感情不忠。

- 告诉你其他人认为你是疯子。

- 破坏你的工作。

- 通过内疚和羞愧向你施压。

- 把你的贵重物品藏起来，然后责怪你。

- 告诉你，别人更宠她，对她更好。

- 告诉你，你是唯一对她不满的人。

- 了解你的心理弱点并加以利用。

情感操控是一个缓慢、隐秘的过程，时间越久，危害越大。它能够让一个人质疑自己的理智。如果你经历过情感操控，请一定要和心理健康专家见面交流，这一点非常重要。我强烈建议进行个体治疗，而不是夫妻治疗——操控者可能试图影响治疗师，从而把一切问题归咎于你。关于心理健康专家的更多内容，请见第 6 章。

如果你在工作中受到了虐待

若是一个人的行为影响到你的工作或让你无法在公司里待下去时，这就属于骚扰行为。这个人可能是你的老板、同事，还可能是公司外部人员（如客户）。不恰当或有害的行为不一定直接针对你——如果公司对欺凌和其他虐待行为视而不见，令你产生不安，或者你目睹有人被欺负，那么这也属于职场骚扰。在美国，工作场所的骚扰（包括性骚扰）属于就业歧视，违反了多项联邦法律。更多内容请见第 2 章的"与高冲突人格者一起工作"（见第 50 页）。

这事怎么会发生在我身上？

要想知道如何摆脱一段有毒的关系或尽快从已经结束的关系中康复，有必要搞清楚自己为何以及如何落入其中。如下几个因素使人更容易受到有毒之人的影响，而且难以跟对方切割——而其中许多因素是你无法控制的。这些因素包括在一个机能不全的家庭中长大、自尊问题、创伤性联结、社会压力、缺乏资源、沉没成本效应，以及认知失调。

原生家庭问题

我们通过观察自己的家庭来学习如何在一段关系中表现自己。回想一下成长过程中你父母的关系。他们是平静地讨论问题，还是大打出手？你是否试图变成隐身人，以防他们的怒气波及你？我们倾向于在生活中重复相同的模式。如果你在一个混乱的家庭中长大，你可能会发现：作为一个成年人，你的人际关系有很大的起伏，这对你来说似乎很正常；如果你处在一段健康的关系或友谊中，平静的感觉对你来说可能显得很无聊；你还可能觉得健康的关系好得不真实，而你甚至在等候"另一只鞋掉下来"的悲伤结局。你有一种感觉，如果事情进行得相对顺利，那么你可能预感到会有可怕的事情发生。你可能被迫与一个有毒的家庭成员保持联系，这个家庭成员导致你对人际关系有不健康的看法。你可能因为有毒之人的所作所为而责备自己，因为有人告诉你这是你的错。

原生家庭的特征对你成年后的依恋模式有很大影响。你的依恋模式决定了你如何与其他人交往和互动。我们将在第

5 章深入探讨这一概念。

日记素材——我曾经在哪里见过这些行为？

这是你第一次遇到一个有毒的人吗？或者你在生活中是否已经遇到过几个自恋者或反社会者？花点时间写下你在童年时遇到的那些没有把你的最大利益放在心上的人。可能是你的家庭成员、朋友、老师、教练或其他对你生活有影响的人。借助本章前面的有毒行为清单，描述他们的不健康行为。你现在与他们的关系是怎样的，你还经常和他们见面或交谈吗？你是否与他们保持距离？或者他们是否已过世？

日记素材——有毒之人是如何改变我的童年的？

基于你在上一篇日记中列出的人员，写出每一个有毒之人是如何影响你看待自己和周围世界的方式的。你可能从挑剔的父母那里形成了自卑，从老师那里学会了无限制地越界，从教练那里学会了无止境的谩骂。这个清单有助于你确定应在哪些方面付出努力，避开有毒之人。如果你正在接受治疗，可以跟心理咨询师分享相关内容。

自尊问题

自尊是你对自身价值或能力的主观感觉；自卑会使你容

易受到有毒的人或情况的影响，原因是你很难设定或维持界限。自卑可能是拜机能不全的家庭所赐，但下列情况也可能成为诱因：

- 在学校或工作场所受到欺凌。
- 学习 / 工作表现不佳。
- 一路坎坷，诸事不顺。
- 有焦虑、抑郁、双相情感障碍或注意缺陷多动障碍的病史。
- 被排斥或被边缘化。
- 经历过糟糕的关系。
- 有过被虐待的经历。
- 患有慢性疾病。
- 长期的压力。
- 难以满足基本生活需要，如住房或食物。

当你感到自卑时，你可能觉得要对他人的过错负责，或觉得是自己导致了有毒之人的卑劣行径。你可能会觉得，如果你和这个有毒的人断绝关系，其他人也容不下你。你可能永远觉得自己不够好。但你确实有存活于世的权利。你也有权得到尊重和体面的对待。如果这段关系或当前情况侵害了你的基本利益，你有权离开。

快速核查表：你的自我价值感如何？

你的自我价值感从很大程度上决定了你能否自我宽恕。看一看你是否同意下面的说法：

1. 总的来说，我对自己的生活感觉很好。

2. 我能很好地照顾自己。

3. 我会向他人寻求支持。

4. 我认为挫折是暂时的。

5. 我认为在困难时期可以吸取宝贵的经验教训。

6. 生活有时是混乱的，但我整体的感受很安稳。

7. 如果有人惹我不高兴，我不会对此耿耿于怀。

8. 我意识到另一个人的感受属于他自己，我不能对其进行"修复"或改变。

9. 我有良好的边界感，因而可以活出自我。

10. 情绪只是暂时的，不能长久影响到我。

你同意的选项越多，你就越有可能拥有良好的自我价值感。这意味着你可以经受住生活中的坎坷，坚定地相信自己。

如果你不同意的选项占到大多数，那也没关系，建立自尊是需要练习的，你可以慢慢培养。我们将在第 5 章、第 6 章、第 8 章和第 10 章详细探讨。

创伤性联结

创伤性联结是导致人们难以脱离一段有毒关系的又一大原因。创伤性联结源于虐待和孤立的循环，而施虐者的某些行为偶尔在受害者眼中表现为善意和慷慨，[1] 从而使其对施虐者产生依恋或同情。创伤性联结可能发生在任何形式的虐待中，包括家庭暴力、儿童虐待、人口贩卖和人质劫持等情况（事实上，创伤性联结有时也被称为斯德哥尔摩综合征，这个术语你可能听说过——它的本意表示的是人质情结，即人质对他们的绑架者产生了依恋）。

一段关系中的以下特征有助于形成创伤性联结：

- 施虐者和受害者之间存在权力差异。
- 关系存续期间，有间歇性的虐待和非虐待行为。
- 受害者经历了强烈的恐惧，有强烈的生存意志。
- 施虐者向受害者讲述他的童年遭遇，并为其行为找借口。
- 在发现受害者打算离开或已经离开这段关系时，施虐者的行为会升级。

创伤性联结可能需要几天或几个月的时间才能形成。目前尚不清楚为什么在虐待关系中会出现创伤性联结，但推测与激素分泌有关。在这里，我对其背后的生物学知识做个简要说明。你的自主神经系统（即不受意志支配，能自主活动的神经系统）由交感神经系统（SNS）和副交感神经系统（PNS）组成。最简化的说法是，SNS 让你的身体做好应对压力事件的准备，PNS 则在事后让你的身体恢复正常状态。当你打架或与人起冲突时，你的 SNS 就会激活。你的肾上腺会将肾上腺素输送到体内，触发释放一系列其他激素，让身体处于高度警戒状态——你的心率和血压升高，呼吸变快，感官变得敏锐。这就是"战斗、逃跑或僵住"机制。当你处于虐待关系中时，你更有可能"僵住"而不是"战斗或逃跑"，因为你正处在求生模式。这可能导致抑郁、自卑与无助感，同时会加深你与施虐者的关系。[2] 当危机短暂解除时，你的 PNS 会开始运转。你的脑垂体向体内释放一种叫作催产素的荷尔蒙（当你与一个人在身体或情感上有亲密互动时也会发生这种情况）。催产素有助于加强依恋关系。结果就是，和你在一起的"怪物"变成了一个没那么坏的人——而且这个过程可能持续发生。

当你和你的伴侣一起经历过创伤（即使你的伴侣是施虐者）后，你倾向于依靠她来理解所发生的事情。对于外部观察者来说，这可能很难理解，但你的大脑渴望为虐待赋予意义——而施虐者是答案的最近来源。创伤也因此造就了一个依恋的循环。

创伤性联结的迹象包括：

- 为发生虐待而责备自己。
- 为这个人的虐待行为指责他人。
- 避免任何可能激怒施虐者的行为。
- 专注于施虐者的需求和愿望，并有所期待。
- 对施虐者的日程安排和习惯有详细的了解。

联结是一个生物过程。当你与一个有毒之人分开时，你感到的压力源自大脑中化学物质的作用。就像一段成瘾过程，你此刻正在经历戒断症状。戒断症状会随着时间的推移而减弱。这就是为什么要尽力切断与有毒之人的联系——你需要时间调整状态。（我们将在下一章进一步讨论这个问题。）

> "他告诉我，我是他见过的最了不起的人。几乎是在他问我是否'100% 投入'这段关系的第二天，他就开始露出真面目了。"
>
> ——贾米拉，26 岁

社会压力

当思考是什么让你处于一个有毒的环境中时，请反思一下你可能在社交媒体上或从周围的人那里接收的信息。我们的社会希望我们处于并保持在关系中。你可能听说过类似的说法，"无论如何都要爱你的家人、尊重他们，他们是你唯一的亲人"，或"血浓于水"。整个社会也强调，有人相伴总比单身要好，即便这段关系是不健康的。

还有一种弥漫在社交媒体和流行心理学中的有毒的积极性。你应该"始终往好的方面看"并"更加努力"，这些论调给那些本就在煎熬的人带来了压力，而压力会动摇你摆脱有毒之人的决心，嫉妒和自责就会出现。

缺乏获得资源的机会

金钱不是万能的，但它可以让生活变得更容易。如果你有能力购置房屋、寻求心理咨询服务，或踏上一场说走就走的旅行，你就更有能力离开一段有毒的关系。这正是为什么一个有毒之人可能试图限制你自己赚取收入的能力或禁止你独自驾车。这种形式的虐待称为经济或财务虐待，它限制了你的独立性，将你禁锢在施虐者的掌控中。

> "他觉得我'不懂钱'，要我把所有财产转移给他。如果当初我没同意，现在离开他就会容易得多。"
>
> ——艾丽鹏德，32 岁

沉没成本效应

当处于一段有毒的关系中时，你不断投入时间和精力使其向好的方向发展，想要离开或许没那么容易。一部分原因是，人们往往会经历"沉没成本效应"。你希望自己为这段关系而付出或放弃的一切是值得的，所以即使现状已经不符合你的最佳利益了，你仍然选择继续投入 [3]，你不想让自己感觉"浪费"了这些时间，也就不太可能脱离或终止这段关系。那么不妨想一下：如果你和这个人耗下去，其实会花费你更多的时间和精力。

> "最初我告诉自己，既然已经在那里工作了 3 个月，为什么不坚持一下，看看情况是否会好转。然后是 6 个月……1 年……我开始担心无法找到下一份工作，然后担心自己这两年的简历上毫无亮点。最终我意识到，我花了太多时间去适应一个不正常的环境。"
>
> ——唐娜，52 岁

认知失调

当你第一次遇到有毒之人时，可能丝毫看不出她的异常，但随着关系越来越近，你开始看到一些不健康的行为。这些行为与你对这个人的了解不一致，也挑战了你原有的观念。你一直被教导要避免与不健康的人建立关系，却发现自已正在跟这种人在一起，内心会十分纠结。这个人对待你的方式跟你预期的方式相反。那为什么离开和重建新的关系会如此困难？

当你关心的人以一种不合理的方式对待你时，你的大脑会感到有点混乱，这被称为"认知失调"。当你收到与自身信念相矛盾的信息，并且它违背了你对周围的人和世界的理解时，认知失调就会发生。既然新接收的信息与已知信息截然不同，通常我们会：

- 忽视新的信息。

- 更加坚定自身的信念。

- 避免接触相互矛盾的信息。

- 把我们不知所措的感觉投射到别人身上。

- 吸收对立信息并改变我们的现有信念。

- 接受冲突的信息，并同时持有两种不同的信念。

认知失调是内心信念冲突的感觉。你尝试把这些不和谐压制在心里，但它们仍会不断冒出来。你可能会用药物和酒精来麻痹自己。你还会感觉自己被困在一个有毒的环境里。

要停止认知失调并重建生活，你首先需要更多地了解它。可以向心理健康专家寻求建议，由他们为你解答疑惑。（我们将在第 6 章深入介绍与心理健康专家合作的注意事项）。

日记素材——哪些因素影响了你？

在上面你读到的因素中，哪些影响了你离开有毒的关系或处境的能力？

- 原生家庭问题

- 自尊问题

- 创伤性联结

- 社会压力

- 缺乏获得资源的机会

- 沉没成本效应

- 认知失调

这些因素中，哪一个构成的阻碍最大？如果这些因素中的一个或多个正在影响你的人际关系，那么你今后可以做些什么来提高警惕？

到现在为止，你已经学会了识别不健康关系的种种迹象。了解到虐待不仅仅是身体上的，它也可以有情感虐待、言语虐待、性虐待和财务（经济）虐待等形式。你还了解了为什么你可能被卷入一个有毒的环境，包括原生家庭问题、创伤性联结、认知失调以及其他因素。在下一章，我们将转向治愈过程中必不可少的第一步：尽力避免接触。

第 2 章

尽力避免接触

如何避免不必要的接触，无从闪躲时
该怎么做

艾雅曾多次尝试离开她的丈夫卢——次数多到她几乎
可以预知到事情的发展。如果卢在家，他会抓住她，堵住门
口或挡在车前，一动不动，直到她决定留下。当她侥幸逃脱
后，卢会低调几天，然后开始用电话和短信息连番轰炸，向
她承诺如果她回来，事情就会改变。艾雅知道只有趁卢不在
家的时候，她才有可能顺利逃离，而且这一次，她决定无视
他的任何电话和短信息。

艾雅对这样的离开方式感到内疚，但她觉得丈夫没有留
给她任何其他选择。一开始，她没有屏蔽卢的电话或邮件，
因为她很担心他——第一波短信息内容态度诚恳，希望艾雅
回复他是否平安无事。当她没有回答时，这些短信息内容变
得越来越愤怒，甚至夹杂着辱骂。若此时仍无回应，他又换

上另一种策略："我爱你。我想你。你是我见过最了不起的女人。"她的丈夫卢从未在短信息中说过一件事，那就是他很抱歉。虽然她还是会想他，但这给了她决心，她需要在这一次跟卢彻底决裂。

艾雅为自己守住底线、拒绝跟丈夫接触而感到自豪，但每次手机发出嗡嗡或嘟嘟声时，她都会感觉肾上腺素飙升。几个星期后，艾雅意识到自己的身体就快吃不消了：她几乎一直感到紧张和不安，而且晚上难以入睡。于是，她封锁了他的号码和邮件，确信已经阻止了他与自己联络的所有方式。当天晚上，她终于好好地睡了一觉。

几天后，她的手机收到一条短信息——来自卢最好的朋友恩佐，问她是否还好。艾雅想，回复一下也无妨，她不想让其他人跟着担心。"是的，我很好，"她回了短信息。

恩佐立刻回复她："卢真的很不高兴，他希望你能回家。"

艾雅简直不敢相信，心想，恩佐，你也要这样吗？那个人到底要怎样才肯放过我？

你终于意识到是时候从一段有毒的关系中走出来了——或许这意味着离开伴侣、终结一场友谊，或是与有毒的家庭成员保持距离。切断所有的联系对你来说也许很困难。即使遭受了恶劣的对待，你可能还是会问自己，为何很难想象摆脱对方之后，生活将何去何从。这完全可以理解，告别那个曾经对你如此重要的人是一个令人心痛的选择。

即便这样，这也是走向治愈的关键一步。因此，如果你有能力阻断与一个有毒之人的所有联系，就要尽量做到。在本章，我们将介绍为什么避免接触如此重要，以及如何有效地阻断接触。如果你真的因为血缘关系或共同抚养孩子等原因无法切断与这个人的联系，我们也会在本章后半部分介绍如何处理这种情况。

为什么避免接触如此重要

有毒之人在任何时候都不愿改变自己的行为，哪怕她因此而遇到麻烦。她会通过更加离谱的行为和要求来升级局势。她在抛弃你或被你抛弃后，还会继续同你联系，试图摸清你的底线。她前一天才陷入自恋性暴怒，在第二天便联系你，还假装什么都没发生过。联络的渠道可能不只是短信息或电话，也有其他方法，比如前男友突然通过快递归还你的物品。

有些有毒的人会等上几个月甚至几年才再次与你联系。沉默并不表示这个人已经放手了（千万不要被表象迷惑）。有毒之人会"循环利用"前任和朋友，当他们需要关注时，你便可能成为目标。

也许这不是你第一次试图结束这种关系。正如第 1 章所述，有毒之人经常试图把你拉回到一段关系中。他们向你承诺的事情通常都不是真的，而这段关系也变得和以前一样问题重重。允许她与你联系，会使你处于危险之中。当你回复她时，特别是在她对你施虐之后，你是在向她传递一个信息——这种程度的虐待是可接受的。

正如你在第 1 章中读到的，这段关系就像一种烈性毒品：它充满了高潮和低谷。你可能已经与对方建立了创伤性联结，在这期间，你遭遇过虐待，然后归于平静。现在你要减少跟他的接触，在此过程中很可能会有戒断症状。你可能感到深深的失落，伴随身体的疼痛，还可能会出现失眠或脑雾。你的四肢可能很沉重，动作也比平时迟缓，身体不自觉地颤抖，并产生强迫性思维。你甚至误以为跟他联系会缓解你的焦虑，但这只会将你带入一个新的戒断循环。要从成瘾中恢复，你需要彻底远离成瘾物质或有毒之人。

日记素材——决定是否有必要切断联系

这确实是一个艰难的决定。想出一位你希望与之保持一定情感和身体距离的有毒之人。列举她的行为，哪些行为

使你坚信应减少或切断与他的联系？再写下你曾试图离开这个人的次数，以及你的体验。当停止与她接触时，你是否有一种解脱的感觉？你的生活压力是否减少了？如果在你设定了沟通的界限后，她仍然试图与你联系，请写下所发生的细节。现在写出与她保持距离你将得到的好处和弊端，正面因素是否超过了负面因素？

如何避免接触

其中一些方式可能看起来很明显，但就当下这个联系异常紧密的世界而言，可能有一些你以前没想到的联络渠道。因此，请使用以下清单，确保你切断各种可能性：

- 手机。
- 工作电话。
- 私人邮箱。
- 工作邮箱。
- 所有的社交媒体账号：脸书（Facebook）/ 照片墙（Instagram）/ 色拉布（Snapchat）/ 抖音（TikTok）/ 领英（LinkedIn）等。
- 她家人的各类账号和电话号码。

- 必要时，共同好友的各类账号和电话号码（见下一节）。

接下来，修改下列设备或账户的密码：

- 所有的流媒体服务。
- 你的电子设备——电脑、手机、平板电脑等。
- 电子邮箱。
- 数据服务账户（手机、宽带、无线网络）。
- 社交媒体账号。
- 银行和金融账户。
- 工作和学校账户。

此外，将此人从任何涉及地理定位的应用程序中删除。如果你发现自己忍不住想查看有毒之人或你们的共同朋友的社交媒体状态，你甚至可能需要注销自己的账户。尽管换号的流程会稍微有些麻烦，但你会发现，一个全新的电话号码有助于开启平静的生活。

如果你需要在某段时间内与这个人保持联系，例如，在办理离婚或其他法律程序时，可以请你的律师作为中间人。但确实，一些人你无法完全屏蔽，比如你们要共同抚养孩子，此时你仍可减少不必要的接触。我们将在本章后半部分讨论这个问题。

警惕和事佬的干扰

屏蔽有毒之人的家庭成员和你们的共同好友，这听起来好像很极端。但是，即使你已经切断了与他本人的联系，有毒之人往往会利用同事、家庭成员或共同好友来给你传话，就像本章开头艾雅和卢的朋友恩佐一样。这些从天而降的和事佬值得引起注意。

"他希望你能回家"，虽然有毒之人没有当面讲给你听，但这也足以激起你痛苦的回忆。有时和事佬并不清楚内情，而有毒之人非常擅长在外人面前粉饰太平。

所以请你警惕和事佬的参与。艾雅就做得很好——恩佐"伸出援手"后，她屏蔽了他。其他共同好友在社交媒体上发布了很多带有卢的合照，对艾雅造成困扰——她最终也决定屏蔽他们。如果你在来电显示中看到未知或陌生号码，那么不要接听。

让朋友和家人知道，你不会接受有毒之人通过他们发来的任何信息。如果朋友或家人试图和你谈论他，设定一个界限，明确告知"不要越界"或"就此打住"。如果他们继续分享关于有毒之人的信息，那么立刻离开。

坦率地讲，应召而来的和事佬并无恶意，他们不知道这会导致伤害。当你设定界限时，任何真正关心你的人都会尊重，并为越界而道歉。界限是不可谈判的。如果你设定的界限被打破，当然可以采取行动。如果和事佬不依不饶，或者在你要求他们停止之后，还在向你提供建议，那么是时候和这个人保持距离或切断联系了（我们将在第 5 章中讨论建立和维护界限的问题）。

> "我的姑妈在为我母亲充当'信使'。她先找我谈论一些无关紧要的事，然后会见缝插针地说：'你知道吗，你妈妈真的希望跟你和解'，再趁机重复几次。最后我告诉她，这个话题是禁区，如果她坚持要提起，我就需要限制与她的接触。从那以后，她再也没有提起过我的母亲。"
>
> ——阿玛拉，48 岁

识别情感勒索

当家人或朋友听说你决定断开联系时，他们可能威胁要自残或自杀。一个有毒的伴侣可能在你告诉他你要离开时，威胁要伤害自己；甚至在你不认同他的行为时，他就对你进行道德绑架。像这样的威胁被称为"情感勒索"，它的目的是通过让你感到内疚来保持你们之间的联系。

这种人是非常不健康的，而且可能是情感勒索的惯犯。例如，他会拒绝参加计划好的旅行或对你很重要的家庭聚会，或威胁说不打算邀请你参加一个你期待已久的活动。他会告诉你，你对待前任、家人或朋友比对待他更好。这些都是他在你身上诱发恐惧、内疚或羞愧的方式。这样一来他就可以保持对你的控制。

要知道所有一切只是对方的控制策略——请勿坐以待毙。我们将在第 4 章讨论如何处理内疚感。如果你和一个威胁要自残或威胁要伤害你的人在一起，那么应报警求助。

> "当我告诉男朋友我想分手时，他威胁要自杀。分手后，我和母亲重新取得联系。但为了我的心理健康，我告诉她我们需要保持距离。你猜她怎么说？没错，跟我前男友说的一模一样。"
>
> ——布莱斯，45 岁

保护自己免受骚扰

如果你停止与有毒之人交往，那么她可能会开始跟踪你或反复与你联系，甚至是擅自来到你家。最好的选择当然是不给予她任何关注，并希望她不再留恋过往。她可能为了骚扰你而开通一个新号码，所以不要接听未知号码的来电。不要在社交媒体上发布实时状态。如果涉及地理位置，请离开那里后再发布。你可能需要避免发布任何定位信息，因为骚扰你的人可能会去某处蹲守，寻找机会偶遇。让你的邻居和物业管理人员知道这个人在骚扰你，如果发现他在你家附近，要让你知道。若你的人身安全受到威胁，请联系执法部门，因为你可能有资格申请法院签发的限制令。虽然限制令并不能阻止对方到你家或你的工作场所，但当这种情况确实发生时，你将获得法律支持。

无法切断联系时该怎么办

有些时候，你可能无法完全切断与某人的联系，比如你们共同育有子女或仍在同一家公司工作。某位家庭成员也一定会出现在一些特定场合，尤其是你计划在假期或其他节日与全家团聚。你所处的工作环境或许也不允许你另谋高就。即使无法彻底将有毒之人屏蔽，你仍然需要保护自己的利益。下面，我们将探讨如何做到这一点。

与高冲突人格者一起抚养孩子

如果你需要和高冲突伴侣共同抚养孩子，那么建立健康的界限是关键。在第 5 章"建立界限"中，我们将更详细地阐述这个话题。现在，我想谈一些重要的早期步骤，以便你能尽量减少与有毒之人的接触。

找一个好的家庭律师

你现在要为自己和自己的孩子代言——与不同的律师见面，找到最合适的那一个。也可以从好友、家人或有过类似经历的人那里获得推荐。询问律师是否处理过相关案例，是否有能力应对自恋者或高冲突人格者，落实孩子的抚养问题。

让律师知道你与有毒之人相处的经历。事关孩子的抚养问题，你可能会变得异常情绪化，所以要记得写下具体的细节和事项，而不仅仅是凭感觉行事。主观猜测是允许的，比如"我认为如果我们想更改面谈时间，他可能会被激怒"，但要说明你的判断依据。如果前配偶具有高冲突人格，或威胁到你的人身、财产安全，请务必告知你的律师。

你可能还需要家庭协调员的介入。与其和前配偶在电话里争论不休，不如让家庭协调员从中调剂。家庭协调员是中立的第三方，通常由心理健康专家担任，帮助离婚夫妇制定并落实孩子的养育方案，协调双方日程，并协助做出重大决定。例如，更改孩子就读的学校或协调其他存在分歧的事宜。家庭协调员就如何应对高冲突人格者受到过专门培训。

你可以选择自行聘请，或接受法院的指定。通常情况下，夫妇双方须首先与协调员单独会面，然后再一起会面。这样既能确保各项议题或文件的变更得到充分讨论，又让父母双方都对各自的行为负责。

> "我找到了一个真正跟我合拍的律师。他理解我所经历的一切，并向我清楚地解释了一切可能的选择。"
>
> ——阿努什，36 岁

制定切实可行的养育方案

你可能需要一个详细的养育方案，它涉及共同抚养子女的方方面面。也就是说，请为下列事项订立规则：

- 轮流抚养子女时，应在何时、何地交接孩子，由谁接送？（若夫妻中有一方是高冲突人格，可以考虑在公共场所交接，并请其他家庭成员代为接送。）
- 你和孩子在交接地点等待的时间上限是多久（超出这个时间意味着孩子将继续由你照顾，前提是对方未事先告知自己会迟到）？
- 每个假期由谁来带孩子，以及这些假期的接送时间是什么时候？

- 谁对孩子求学、就医、课后活动等事项拥有最终决定权（或是共同决定）？

- 谁来支付哪部分抚养费用（学校、课后活动、医疗就诊等）？这些费用将如何分摊？

- 你同意让谁来照看你的孩子，你不希望谁以任何理由出现在孩子身边？

- 如果一方希望带孩子去州／省外度假旅行，需要提前多久通知？如果是出国旅游呢？（根据父母们的经验，任何境外旅行都必须得到自己的批准，而且出行国家须是《海牙公约》的成员国，一旦孩子被非监护人强行扣留，该公约有助于将孩子送回监护人身边。）

- 针对去往外地的旅行，你是否要求对方提供行程表？你希望在旅行前几天（或几周）收到行程表？

- 你的孩子未来选择到哪些学校就读？当然，可以约定等到具体某个年级，双方重新商讨学校问题。

- 谁将在报税时将孩子作为受抚养人提出减税申请？（如果轮流抚养的时间各占一半，有些父母会交替申请。）

- 父母双方将如何相互沟通？为减少冲突，是否只通过某些专门的应用程序进行联络？

除了上述问题（请根据你的实际情况进行思考），我还建议实施以下硬性规定：

- 在指定的通话时间内，呼叫方可以不受干扰地与孩子通话。
- 父母任何一方都不能在孩子面前或在家中相聚时诋毁另一方。监护权文件或离婚文件应妥善保存，不得向孩子出示。父母任何一方都不得在孩子面前讨论共同抚养的财务问题。
- 若一方在抚养孩子期间需要出差，必须首先与你联系，看你是否愿意把孩子接走，而不是直接把孩子交给保姆或其他家庭成员。此类情况下，你享有优先决定权。

订立严格的养育方案对你来说的确会有些不方便，因为它限制了你自己的灵活性，但这些规定却能更好地约束有毒的前配偶。如果你跟对方出现意见分歧，那么可以把养育方案的规定作为最终答案。请与律师或家庭协调员共同制定孩子的养育方案。

在公共场所见面

当需要交接孩子的时候，不要去对方家里，而是考虑在公共场所等中立的地方进行。或者，让其他值得信赖的家庭成员去接送孩子。养育方案可以规定在交接过程中你能够等待的最长时间，一旦对方没有如期出现，你和孩子有权离开。

> "我们曾经允许对方到家里来接孩子，但这通常会
> 导致一些不愉快。我不想让我的儿子看到这些。所以
> 现在我们只在学校进行交接，也就不太需要跟对方碰
> 面了。"

——瑛子，32 岁

使用专门的应用程序进行沟通

你还可以考虑将双方的联络限制在某个特定的育儿应用
程序上，而不是任由前配偶通过电话或短信息与你联系。你
可以在养育方案中指定相关的软件或应用程序。此类软件会
为接收和阅读信息打上时间戳，这样对方就不能找借口说没
有看到信息了。

除了帮助你维持边界，一些应用程序还有其他可选功
能。例如，如果你在信息中使用的措辞可能是不恰当的或有
煽动性的，软件会弹出提示。有些应用程序还可以将收据传
送给对方，以便完成费用分摊。

考虑采用平行育儿的方式

在标准的共同养育中，孩子的父母应互相尊重，并能
理智地共同解决问题。虽然二人已经分开，但各自的家庭都
有类似的指导方针和规则，这样孩子们就会获得更多的稳定

感。父母都能参加孩子的各项活动，包括医疗就诊，双方基本没什么分歧。然而，如果你是与一个有毒之人共同抚养孩子，心平气和的交流或共同出席孩子的活动几乎是不可能的。倘若你们之间曾发生过家庭暴力，那就更是如此了。若此时你们共同出席活动，对方可能会趁机获得控制权或对你进行恐吓。

在这类情况下，平行育儿可能是一个不错的选择。你们将互动的次数降至最低，并在此基础上实现共同养育。你不需要与对方一起参加任何活动，包括看医生或课余活动。你只与对方进行书面交流，例如，只通过育儿软件互相联系，而且只在绝对必要的时候才进行。你可以通过医生直接了解孩子的状况，不用麻烦前配偶转告。

在平行养育模式下，父母中的一方可能会被指定为养育方案中的主要责任方，这位家长将享有对孩子的最终决策权。确立了主要责任方，父母就可以减少彼此的沟通。请提前准备好子女抚养协议的副本，以便在必要时提供给为孩子诊治的医生。医生可能需要一份由法官签署的文件，确认父母双方谁拥有医疗决策权。

平行育儿有许多优势，它能避免不必要的接触。你可能会发现，当你们的生活几乎没有交集时，你跟对方的冲突会减少。你将有更多时间专注于孩子的健康成长，而不是抵御来自前配偶的言语攻击和情感虐待。你的孩子也会从中受益——当父母双方的冲突较少时，离异家庭的孩子会有更少的行为问题。[1]你要制定详细的养育方案，确立界限，以防对方频繁做出出格举动。要知道，你与孩子关系的好坏将影响孩子未来的生活质量和人际关系。[2]

标准的共同养育模式

- 父母双方相互协商，共同为孩子的幸福而努力。
- 父母双方都参加孩子的活动、假期和生日。
- 父母双方通过电话、短信息或电子邮件进行沟通。
- 可能会出现分歧，但最终父母双方会达成一致。
- 在父母任何一方的家中交接孩子。
- 如果一方的日程安排发生变化，经过提前沟通，另一方通常会予以配合。
- 离异的父母双方共同努力，使彼此家庭都有类似的规则和结构。

平行养育模式

- 只借助育儿软件进行沟通，例如"家庭向导（OurFamily Wizard）"或"共同父母（TalkingParents）"等。

- 父母双方轮流参加孩子的游戏或其他活动，或者其中一方不参与这些活动。

- 节日和生日与孩子分开度过。

- 父母双方各自遵守自己的时间表和出行安排，并分别订立规则。

- 父母中的一方对孩子的医疗、学校教育和课后活动有决策权，或者父母双方在不同领域有决策权。

- 孩子的日程安排在育儿软件的在线日历中共享，父母之间不需要其他交流。

- 孩子的交接是在公共场所进行的，父母双方或其他家庭成员之间没有接触。

- 双方的日程安排的变化通过育儿软件处理，另一方未必予以配合。

> "孩子的父亲利用各种机会骚扰我，还会在孩子的足球、棒球比赛期间阻止我离开。我跟我的律师谈到了这个问题，现在的养育方案中规定：我们轮流陪孩子参赛。"
>
> ——雷米，40 岁

妥善应对有毒的家庭成员

你可能无法完全切断与某位亲戚的联系，因为他会在假期或家庭聚会中出现。你甚至可能要跟有毒的家庭成员一起工作。如果无法做到绝对隔离，那么就尽量减少你们之间的接触。虽然你可以找借口不参加家庭聚会，但这不是最佳选项，因为你同时也错过了与其他家人见面的机会。

如果你进入家庭聚会的场合，请注意控制停留的时间。若是现场有值得信赖的家庭成员，可以请他们对潜在的冲突保持"警惕"。如果有毒之人有意向你靠近，其他家庭成员可以分散和转移他们的注意力。你也可以邀请自己在意的家人单独聚会，将有毒之人排除在外，但你几乎可以肯定，家里会有人向她透露消息。

虽然你可以选择直接告诉那位有毒的家庭成员他们是如何令你不快，但这或许会让他们变本加厉，因为成功干扰到别人会给有毒之人带来成就感。避开他比与他交往要好。如果实在无从闪躲，就尽量在情感上保持疏离。可以跳出这个场景，把自己想象成场外的观察员。例如，把自己看作是正在收集数据的社会学家；或者，使用灰岩方法（grey rock），假装自己是一块无聊的灰色石头，减少回应。对问题给予简短的回答，或干脆只说一个字。保持语音语调平静、均匀，尽可能表现得漠不关心。当有毒之人意识到他抛出的"诱饵"不起作用，有时会识趣地减少骚扰行为。还可以考虑与心理健康专家会面（我们将在第 6 章介绍），学习其他的脱离方式。

如果你身边的有毒之人刚好是自己的父母，上了年纪的他们可能会要求你履行赡养义务，而身为独生子女的你要独自撑起这份重担。不过，你没有义务照顾虐待过你的父母。虽然朋友和家人可能会说，这是你"亏欠"他们的，但父母造成的伤害和阴影只有你自己最清楚。你的朋友和家人也可能想用这种方式逃避对你父母的照顾。

> "因为无法完全切断跟妹妹的联系，我只好采用灰岩方法。我坚持就事论事，不表现出任何情绪。这确实不容易做到，但我越来越适应了。"
>
> ——琼，65 岁

与高冲突人格者一起工作

希拉在一家公司工作了六年。她与老上司辛迪相处得很好，但辛迪几个月前辞职了。新老板德文似乎在有意针对希拉，而她不知道为什么。他经常在开会时叫住希拉，问一些她根本答不上来的问题。明知她会带着自己做的饭菜去上班，德文依然会大声问：是谁把"奇怪的食物"带到了办公室。他一边告诉希拉，某项工作要在周末完成，一边又在周三或周四就责骂她没有按时完成。希拉觉得德文的目标就是让她在同事面前难堪。

希拉找到德文说她觉得自己受到了不公平的待遇，这正中德文下怀。当希拉与他共同参加会议时，德文反咬一口，公开指责希拉对他的反馈是不公平的。他召集希拉和另外两位同事参加一次会议。当希拉来到德文的办公室时，她才得知，那两位同事都无法到场。希拉立刻感觉到恶心，这一切简直太怪异了。希拉告诉德文，她无法独自完成此次会面，然后迅速走出了他的办公室。

如果你像希拉一样，与一个有毒之人共事，请参考下列建议，尽可能避免接触。

了解公司规则并探索不同的出路

在大多数情况下，可以选择向人力资源部门报告你的遭遇。在此之前，应查阅公司有关报告欺凌和骚扰行为的规则。当然，如果你有资源、人脉，建议你向专业律师咨询，请他们提供应对方案。如果你就职的公司没有相关规定，向专业人士咨询就非常有必要了。另外，美国平等就业机会委员会（EEOC）制定的相关规则可能对你所在的职场并不适用。向人力部门报告后，他们可能会帮助你处理好与对方的关系，并保护你的权益。但你要知道，人力部门的能力也是有限的——如果你与公司的经理或主管发生冲突，解决方案未必令你满意。

给彼此留出空间

如果可以，请与你的上司沟通，看他们能否帮助你和有毒的同事之间拉开一些距离。询问是否有可能将你们一起合作的项目重新分配出去。如果你们的工作区域离得很近，询问能否帮你换个位置。如果公司有充足的办公空间，你也许能到另一个部门或楼层办公。如果你们上岗的班次相同，考虑调整你的班次。这样一来，你依然能够留在公司，但你限制了与有毒之人的交往。

避免与此人独处

如果你和有毒之人共事，她可能会试图孤立你——你可能被告知必须单独去找她。建议你带上一位值得信赖的同事共同参加会议，或拒绝与她碰面。避免与有毒之人单独在办公室滞留。没有其他人在场意味着没有证人。

> "老板经常告诉我需要在某些日子加班。'很凑巧'，当天办公室里只有我们两个人。他在职场上有过不良行为。后来他再要我加班的时候，我坚决说不。我

已经就此咨询了律师和人力资源部"。

——杰希，28 岁

把遭遇写下来

为自己的遭遇保留书面记录，包括日期、时间和对方说过的话。保证实事求是。不要用公司提供的办公设备来保存文件。你的雇主很可能通过内部网络访问你的设备。如果你被解雇或选择主动离职，可能需要立刻将公司的办公设备交回。

尽量减少视频会议的次数

如果你居家办公，必须与对方视频通话，但看到她的脸就会让你感到焦虑，请将窗口最小化，或将带有笑脸的便签贴在屏幕上，挡住她的脸。这听起来可能很傻，但却能帮你避免直面那个给你带来痛苦的人，从而让你感到放松。

申请采用混合办公模式

如果线下办公的你要与有毒之人为伴，请询问上司是否可以居家办公，或者采用混合办公的模式，即三天待在家里，两天到办公室。提出申请时，不必以"躲避某人"为理由。你可能需要向上司保证，居家办公时你的工作效率不受影响，甚至会更高。越来越多的用人单位开始提倡混合办公。如果你获得批准，能够完全切换成居家办公模式，那么进入办公室的机会就降到最低了。你或许只需要为了某些专门的项目会议才回到公司。

寻找另一份工作

作为受害者的你却被迫另谋出路，这似乎是不公平的，但为了你的幸福，有时你必须如此。例如，同事或老板的行为或许尚未达到骚扰或欺凌的程度，公司也就不会采取有力措施来纠正这种情况。因此，是时候考虑寻找另一份工作了。你可能会意识到，在一个更健康的环境中工作，你的身体和情绪都将保持更好的状态。职场霸凌与焦虑、抑郁症、睡眠困难等一系列问题相关，这将极大地影响生活质量。[3]

尽力避免所有接触，是将有毒之人从你的生活中移除的最好方法。但是，如果不能完全将对方屏蔽，你仍然有事可做——与有毒的前配偶订立育儿方案，减少与有毒家庭成员的联络，以及就职场骚扰问题咨询律师，并跟有毒的同事保持距离。上述措施都是保护你免受进一步虐待和操纵的重要步骤——这是你在治愈路上的重要一步。下一步呢？我们将探讨如果你在离开一个有毒的环境后没有获得理想的结果，你该怎么做。

第3章

释怀还是忘怀

一段有毒的关系为何难以善终，在无
解时如何继续前进

一段长达 25 年的婚姻，养育两个孩子，塔米终于受够了。多年来，家人和朋友告诉她，她的婚姻中不存在虐待，因为没有身体暴力。然而，当她开始接受治疗时，治疗师说，虐待有不同的形式——她的丈夫艾萨克骂人，拒绝对自己的行为负责，将态度恶劣归结到塔米身上，还让孩子不要听她的。塔米正在经历的是另一种家庭暴力。

治疗满两年，孩子们也都上了大学，塔米趁艾萨克出差的一个周末找来了搬家公司，拿走了属于自己的物品和家具。她用第 2 章提到的步骤屏蔽了艾萨克的电话号码和邮箱。她减少与丈夫的联系，只通过律师进行沟通。她还告诉孩子们，艾萨克不应该通过他们给她发信息。然而，由于二人共同经营一家企业，塔米仍然会与他有日常接触。因此，她做了一个艰难的决定：作为离婚程序的一部分，塔米将把她那部分业务出售给艾萨克。在咨询了律师并表达了对自己安全的担忧后，塔米不再去公司办公，静待出售完成。

塔米希望离婚后，一切能有个了结。她希望艾萨克认识到她的不幸经历，并为无理行为道歉。她甚至同意艾萨克不需要承担全部责任。她希望他承认婚内出轨。她相信，当法律程序结束后，自己将能放下过往，继续前行。然而，艾萨克和他的律师似乎在拖延时间。在谈判期间，塔米恢复了与艾萨克的联系。他似乎只是在编造理由与她联系——通常涉及公司的业务，而且总是"紧急情况"。塔米发觉自己陷入了困境。她没能完成离婚，与艾萨克的沟通又阻碍了她的恢复。她觉得在离婚手续办好之前，她将无法释怀，也就无法从忧伤中走出来。

圆满的结局有时并不存在

圆满的结局，或是为你们的关系和你的损失赋予某种意义，往往被吹捧为获得治愈的"必备"条件。然而，有些损失是如此之大，你心目中那个圆满的结局将永远无法到来；极度深刻甚至是毁灭性的痛苦可能永远不会就此消散。面对有毒之人或场景，对方很难成全你的一厢情愿——你想让对方亲自认同你的遭遇，为曾经的误解或错误道歉，借此来寻求某种意义上的正义或补偿，毕竟他可能从你那里偷走了时间或金钱。

但现实很残酷：如果一个有毒之人在这段关系中从未道歉，事后肯定也不会道歉，除非她正在引诱你回到身边。即便如此，道歉也相当罕见。为什么？有毒之人不会道歉，因为他们擅长自我协调。这意味着他们认为其他人都有问题，自己是正常的。健康的人往往具有自我排异的个性。当意识到自己的行为有不妥之处，自我排异者会寻求帮助并予以纠正。对自我协调的人而言，很难劝说他们接受治疗或寻求外界帮助——他们不认为自己有问题，让他们看清现实低头认错的可能性几乎为零。如果你因为家庭成员的有毒行为而不得不与他们保持距离，不要指望他们会意识到他们的行为和对待你的方式是不可接受的。有毒之人很少对自己的行为负责。而且，就算他真的承认错误，恐怕也不足以治愈他给你带来的伤害。

如果那位有毒的家庭成员遭受某种意外，你会认为这将使她意识到自己的错误。类似情节经常出现在小说或电影中：施虐者病入膏肓，在弥留之际幡然悔悟，并祈求获得原谅。不幸的是，现实中这很少见。如果想和这个人做个了断，你自己要率先释怀。可以通过心理咨询和治疗来解决这个问题，更多信息请见第6章"向专业人士求助"。

如果你在一个有毒的环境中工作，除非你的遭遇符合法律对职场骚扰的界定（即使这样也不能保证你获得公正的裁决），你可能需要辞去工作，才能重获安宁。被迫离开对你来说很不公平，但留下来继续承受情感和身体上的伤害就得不偿失了。你希望看到的了断可能不会到来，因为你需要做出一个困难的决定——离开原来的工作单位，你会觉得正义没有得到伸张。你以为离开有毒的工作会给你一种解脱感，相反，你获得了伤感和失落。

对他人的行为抱有期待是件麻烦事。当我们期望他人以某种方式行事时，我们往往会感到失望。我们唯一能控制的是我们自己的感觉以及我们与他人的互动方式。如果你指望有毒之人道歉或悔过，那么这种想法就太过理想化了。期待从对方那里得到了结，最后一场空，只剩下失望、沮丧和愤怒。无法释怀的你可能会从此每天郁郁寡欢（我们将在第9章深入讨论）。

我们为什么要苦思冥想，彻夜难眠，只为寻找圆满的答案呢？因为我们的大脑喜欢让事物变得有意义。但是对于有毒的关系和情况，无论你多么想理出头绪，有时候它们就是没有意义的。

前任是如何变成这样的，一份原本顺心的工作是如何成为一场噩梦的，为什么那位家庭成员执意要毁掉你的生活——我们内心总有一个声音，渴望得到答案。但是，即使有毒之人告诉你原因，你可能仍然不会信服。为什么在一段有毒的关系之后，释怀是如此困难，一部分原因是你当初经历的一些事情并不真实。一开始，你的前任、朋友或家庭成员将自己伪装成光彩照人的样子，她这样做可能只是为了吸引你进入她的生活。后来，特别是当你拒绝了她的要求或尝试维护边界感的时候，你们的关系突然就变了。

> "当我给前男友发短信要他向我道歉时，他回复说，我应该向他道歉，因为分手是我提出的！我不指望他承担任何责任了。"
>
> ——珍妮，44 岁

有时候，对方不希望你彻底走出来

有毒的前任十分乐意看到你继续纠结，这样他就能留在你的脑海里兴风作浪。当他的自恋倾向无法得到满足时，便可以将你列为目标，把你重新吸引过来。为了搞清楚他的真实想法，你反而要再次跟他接触——但正如前一章所述，这恰好是你需要避免的。在有毒之人身边待的时间越长，你就越有可能回到那个不健康的状态中。

你的"朋友"甚至会始终抱着看戏的心态。他们希望你被困在噩梦之中，所以就不断鼓励你回归那段有毒的关系，重复糟糕的剧情。这些"朋友"没有充分为你考虑。他们以"拯救"你为借口，试图将你压垮，或是完成对你的支配。如果你继续留在不健康的关系中胡思乱想，这些"朋友"就会以你的压力为食，一面假意安抚，一面沾沾自喜。

真正的朋友会鼓励你成为最好的自己。他们将你拉出泥潭，绝不会放任你沉浸在糟糕的心态或环境中。最终你能否对有毒的经历释怀，跟围绕在你身边的人是否心态健康也有关系。尽管你可能从朋友那里得到了某些答案或解释，但要记住，朋友的这种"帮助"可能正在伤害你。因此，就算你很依赖他们，现在也是时候切断与这些有毒朋友的联系了。他们的帮助并不是真正的帮助——而是有害的。

> "'朋友'告诉我，我的工作没那么糟糕，我应该忍受我的老板，因为有的人甚至连工作的机会都没有。我发现不光我的职场有毒，我的'朋友'也有毒。"
>
> ——杰克，28 岁

圆满的结局没那么重要

鉴于我们对寻找意义的执念，以及对正义结果的信念，我们自然希望事情有个圆满的收尾；一旦愿望落空，我们会更加受伤。但我想说的是：圆满的结局被严重高估了。就让损失存在，不去强求最终的了结也是可以的。我们可能仍会好奇这一切背后的原因，但随着时间的流逝，这些疑问似乎会慢慢飘散到脑海中不起眼的角落。

等候答案令痛苦加倍，但退一步风景则会不同。为了让生活继续，并接受有人伤害过你的事实，你未必需要一个正式的道歉或圆满的结局。同时，离开有毒之人或环境，开启健康、幸福的生活也不以此为前提。随着时间的推移，失去的一切将不再成为困扰。然而，如果"获得善终"对你非常重要，你仍可以参考一些步骤来依靠自己实现。

日记素材——如何界定圆满的结局

你想要怎样的结局？需要让那个伤害你的人做出补偿吗？需要获得认同或赢得正义吗？有毒之人一次又一次地证明，他们不会向你承认错误或做出补偿。你希望有毒之人给你一个交代吗？如果你的遭遇被对方承认，会是什么感觉？

如果无法从有毒之人那里赢得这些，你还可以通过哪些方式得到释怀？

释怀还是忘怀

到底什么才能阻止你苦思冥想、寻求答案？自我反思，创造新的记忆，花时间与健康的人在一起……方法远不止这些。在所有这些之上，你可以用自己的方式跟过去做个了结。这可能没有你想象中的那样圆满，但也称得上是一个收尾。

以本章开篇塔米的故事为例。塔米当然希望丈夫为多年的情感和言语虐待道歉，但她知道这永远不会发生。在咨询与治疗中，她发现了其他帮助她释怀的方式，并且立刻就能投入行动。在治疗师的指导下，她没有苦苦等候那句抱歉，而是自己写了一封她希望收到的道歉信。类似的一些步骤帮助塔米跟伤痛达成和解，她也逐渐开始了新的生活。

写一封不需要投寄的信

我们都有想对某个人说的话，也会由于各种原因讲不出口——例如，对方已经离世，或跟他 / 她再次联络会伤害到自己。写一封不用寄出的信，把想说的话写下来，写什么都可以。你可以告诉对方他们是如何让你愤怒的，或者你想或不想原谅他们。你也可以像塔米那样通过写日记来收获一封道歉信——写下希望对方对自己说的话。

写信给某人，即使信件没有寄出，也是一种宣泄的体验。它可以帮助你把想法或执念从大脑中释放出来，为你腾出一些"大脑空间"——这些空间原本被有毒之人所占据，但现在，你的焦虑、抑郁、羞愧、内疚和悲伤得以缓解。把你的经历和感受写下来，也有助于你得到认同。毕竟，有毒之人向来不肯承认你的遭遇。写信的时候，注意不要批评自己或评判你所写的东西——写什么都可以，而且你写的就是事实。不需要评判，更不需要其他人告诉你，你所经历的一切没有发生过。无论你写什么，都不会有人站出来反驳。

你可能会发现，在你写作时，身上的重量被卸下来了。这封不需要投寄的信让你更清晰地思考或带给你更多灵感。在这段有毒的关系中一直困惑你的东西可能突然有了意义。还有一些时刻，回顾自己的日记会带来一种"被理解"的感觉。你也可以把这些未寄出的信跟你的心理医生分享。

一旦你已经积攒了几封这样的信件，你可能会意识到：自己不再需要经常用这种方式排解压力了。当你在康复的道路上走得更远时，重新读一读你写的东西，你一定会为自己取得的进步感到惊讶。

> ## 日记素材——写一封不需要投寄的信
>
> 借此机会，准确地告诉有毒之人你对他们的看法，以及他们给你的感觉。将一切发泄出来。写作之前，先花点时间调整状态，做几组深呼吸。如果那个有毒之人就在你面前，你想对他说什么？或者，在最完美的情况下，他们会对你说什么来让你获得圆满的结局？
>
> 把想法全部表达出来。如果你更喜欢大声把这些话讲给自己听，也是完全可以的。写日记时，让意识自然流动，尽量不要批评、编辑或删减。

没结果也没关系

一旦没有圆满的收尾，我们的大脑就无法对某些过往盖棺定论。我们喜欢把每件事都想清楚。如果能找到事情发生的原因，我们就更容易消化和接受。但生活中的某些问题也许就是没有答案，我们永远都搞不清为什么事情会以这样的方式发生。我们可以花上几个小时思考、大叫、祈祷、上网查询，但依然不会有答案。我们永远不会得到一个称心如意的答案。从有毒的关系中逃脱的你可能会有一种紧迫感，希望让汹涌的情绪戛然而止，也希望理解有毒之人的所思所想。你可能会瞬间对一切失去耐心。当然，有时我们确实可以等到答案，但它不会按照我们的意愿随时出现。

快速核查表：你能接受"不了了之"吗？

当无法得到你想要的或误以为自己需要的结局时，你会感到束手无策。如果你想知道为什么自己不能继续前进，那可能是因为你没有得到满意的答案。对于以下陈述，请回答"是"或"否"。

1. 我需要知道事情的答案。

2. 如果我不了解某件事情，我往往会纠结于此。

3. 没有答案让我感到焦虑。

4. 当我不知道为什么某些事情会发生时，我感到愤怒和失控。

5. 我会反复提出疑问，直到取得一个对我有用的答案。

6. 即便找到了一直困扰我的事情的答案，我还是觉得不够好。

7. 朋友和家人都告诉过我，我执迷于某事不肯放手。

8. 当有人不按我期望的方式行事时，我无法专注于工作。

9. 尽管不清楚真实的原因，我仍会绞尽脑汁为某人的某种行为想出理由。

10. 我会要求对方向我保证，他没有对我产生不满。

如果你对这些描述中的一个或多个做出肯定回答，你可能在"接受事情本来的面目"方面存在困难。你可能会不断寻找方法来"解决"它。当感到焦虑时，你也可能难以自我安抚。

如果你计划向心理健康专家求助，请参考第 6 章的建议。第 7 章会介绍关爱自己的方法，你可以采用自我安慰的策略来应对不适。

专注于你从中学到的东西

不要纠结于"他为什么要这样做？"，而要问自己，"经历过这一次，我可以做点什么来改善自己的生活？"想一想你在有毒的境遇下取得了什么成就、学到了什么。你可能已经成为一个更有同情心的人，获得了更多复原力来抵御生活中的风雨，还可能与身边情绪健康的朋友增进了关系。

例如，通过心理治疗以及与朋友交谈，塔米意识到，她将来也不会从前夫那里得到所谓的认同或圆满结局。就算离婚最终尘埃落定，仍然不意味着有人倾听了她的心声。她决定从自己身上寻找突破。塔米认为，丈夫在婚姻期间的行为方式就代表了这段感情的结束。回想她从丈夫那里承受的言语和情感上的虐待，这全都说明离开他是最正确的事。她为自己和家人做出了正确的选择，明确这一点将有助于她的康复。

日记素材——你从这次经历中获得了什么？

当你正尝试走出那段糟糕的经历时，可能很难看出其中积极的方面。即使现在的你既沮丧又焦虑，但你已经从这次经历中收获了成长。写一写将有毒之人逐出你的生活后，都发生了什么。你可能跟信任的家人和朋友重新取得了联系；可能已经搬家并找到一份更好的工作。即使是很细微的变化，也要记录下来。有时候，细微的变化其实意义非凡。

寻求生活的目的，而不是强求的幸福

如果你认为糟糕的经历应该以幸福为结局，这个目标似乎有些虚无缥缈。我更建议你将"找寻生活的目的"作为结

束的标志。当我们把幸福作为一切过程的终极目标时，我们往往会感到失望。然而，当你在寻求对周围世界和你自己的理解时，旅途和终点都会变得有价值。随着年龄的增长，深刻领悟生命的意义会极大减少自杀或抑郁的倾向。[1] 因此，当你在试图对一段有毒的关系释怀时，要专注于它会给你的生活带来什么好处，而不是一味地追逐幸福。艾丽卡就是这样做的，她一生都在遭受姐妹们的言语虐待和情感虐待。

在阻断与姐妹们的联系之后，艾丽卡迷失了自己。她希望姐妹们为曾经的行为道歉，于是又找到她们，希望她们能承认自己犯的错。然而，姐妹们却说，"一直都很难缠"的人是她，现在她又在"像往常一样编造谎言，吸引眼球"了。从那以后，艾丽卡知道她必须永久地与姐妹们保持距离，这样她才能在生活中获得平静。不过，这并没有带给她所谓的解脱。艾丽卡意识到她需要从事新的活动、找到新的兴趣，以此来建立自信，走出迷茫。

艾丽卡是一名退休的小学教师，她非常怀念与孩子们在一起的日子。她决定每周举办故事会，到教室里为学生讲故事。当她走进教室时，会看到孩子们期待的笑脸，孩子们用有趣的声音模仿故事里的角色也让她倍感快乐。艾丽卡再次找到了生活的目的，她为能够点亮孩子们的生活而感到满足。慢慢地，姐妹们给她留下的阴影也不复存在了。

日记素材——哪些事物能为你的生活赋予意义？

某些事物代表了我们的核心价值观，也为我们的生活赋予意义，它们可以帮助我们在遭受虐待后重整旗鼓。在思考你心目中的核心价值时，看一看以下哪些对你来说是最重要的。你可能会对这份清单上的一个或多个价值产生共鸣，当然也可以补充自己的想法。

- 成就感
- 勇敢
- 创造力
- 家庭
- 诚实
- 正直
- 学习
- 可靠
- 服务
- 信任

- 自主性
- 同情心
- 公正
- 伙伴关系
- 希望
- 正义
- 乐观
- 责任
- 精神生活
- 智慧

- 平衡
- 社群与社区
- 信念
- 和谐
- 独立
- 善良
- 耐心
- 自尊
- 坦诚

筛选时，请回想那些令你最接近生命意义的时刻。从事哪些活动时，你可能有"身临其境"的感觉，甚至会忘记时间流逝？对生活感到希望时，你在做什么？感到平静和满足时，你在做什么？写下那些让你感觉良好的事物，答案不分

> 对错。试着把你的一些能量投入到这些活动上，或者如果你好久没有做那项活动了，可以尝试重新开始。

拥抱你内心强烈的正义感

如果你有强烈的正义感，但结局却是有毒之人没有为此"付出代价"，你可能会想不通。你甚至觉得法律制度让你失望。尤其是自己的意见没有被听取或孩子的利益受损时，你很难释怀。强烈的正义感是一件好事——它有助于你为你和你的孩子争取权利。

如果你想改善整个系统，使其他人不必重蹈覆辙，可以考虑从事宣传工作或加入志愿服务，更多信息请见第 10 章。有些人因为在家庭法庭上的受挫而回归学校，攻读法律学位。用你的亲身经历来改善自己和其他人的生活，这又何尝不是一种好的收尾。

关于原谅

一些人认为，想要最终释怀，你需要原谅那些曾经伤害过你的人。社会教导我们，想要得到宽恕，犯错的人需要做出某种形式的忏悔，这应该才算为那段糟糕的关系画上句号。只不过，这要求一个人首先承认错误，然后采取措施弥补自己的行为。这两件事都不可能发生在有毒之人身上。（这一点太容易被人遗忘，值得反复提醒！）

我提出一个略显激进的想法——你不需要通过原谅来继续前进。这不是你重获平静的必要条件。有些人的行为是如此残酷，根本不值得被原谅。但市面上的某些参考书，为了劝你宽恕对方，简直不择手段。与其关注那个加害者，不如关注你的感受和治愈旅程。与其为了原谅对方而背负上压力，不如认清自己并让自己坦然地回到社会中。[2] 从有毒的关系中"死里逃生"，此刻的你可能还在咬牙撑过每天的生活。迫于压力去原谅对方是不合情理的。当初选择离开，很可能就是为了摆脱被责备和羞辱。如果你想通了，当然可以选择原谅，但不需要为此规定具体的时间。即便你选择永远不原谅，也是完全可以的。你有权做出自己的决定。

与此同时，请认真思考"原谅"的真正含义。原谅并非纵容，也不是认可某人的行为是正确的。你可以宽恕某人，但仍然要求他对自己的行为负责。你选择原谅，但仍然认为那个人的所作所为是可怕的，他应该承担后果。学着从这样的角度界定原谅、尝试原谅，或许你会对人性和对自己的价值观产生更深的了解，这也有助于减少自残行为。[3]

如果你因为陷入有毒的关系或环境而不停地责备自己，那你就很难看清生活的意义。放下内疚、原谅自己是康复的关键，我们将在下一章讨论。

排解愤怒的情绪

终结一段有毒的关系之后，感到愤怒是正常的。你可能对前伴侣的行为感到愤怒，对那些试图让你们复合的家人和朋友感到愤怒，对自己迟迟不肯跟对方分手感到愤怒。你甚至希望有毒的前伴侣、朋友或同事也吃些苦头。你已经受到了伤害，所以你想让别人感受到同样程度的痛苦。

人类情感本就包含报复心态，特别是当你被深深伤害时。你可能想跟有毒之人"扯平"，这会让你感觉到正义得到了伸张。但是，试图报复你的前任通常对他们没有任何作用，反而会给你带来终身影响。事实上，有毒之人可能会因为你在分手后几个月还在想着他们而感到满足。不要给他们这种满足感。要报复对方的想法是暂时的，但后果是深远的。如果你无法化解内心的矛盾，可与心理健康专家交流。

一段关系走到尽头，特别是一段有毒的关系，愤怒是意料之中的事。你甚至能体会到一波接一波的愤怒。虽然你对此不太适应，但我要再说一遍：愤怒的感觉是正常的。重要的是你能否排解。如果你正在跟抑郁症对抗，你会发现有时候抑郁就是内向的愤怒导致的。在一段有毒的关系之后，愤怒是不可避免的，但痛苦不是。

快速核查表：你能控制好愤怒的情绪吗？

阅读以下陈述，用"是"或"否"作答。

1. 我会对家人和朋友咆哮怒吼。

2. 如果我感到愤怒，就很难控制它。

3. 我曾经痛斥或殴打过其他人。

4. 我的愤怒会导致身体不适，如头痛或胃痛。

5. 家人和朋友告诉我，我不太懂得控制愤怒。

6. 我一门心思想要跟对方扯平或向他复仇。

7. 我会因为一些小事大发雷霆。

8. 由于我的愤怒，我在学业或工作上遇到了麻烦。

9. 我觉得我永远摆脱不掉愤怒的感觉。

10. 我已经转向不健康的方式来压制我的愤怒。（例如酗酒、节食或暴饮暴食、过度运动等。

如果你回答"是"的选项超过一个，我建议你与心理健康专家预约，聊一聊愤怒相关话题。高度的愤怒不仅影响人

际关系，也影响身体健康。例如，愤怒的感觉会触发身体释放压力荷尔蒙，令心率和血压升高。长期的愤怒和荷尔蒙水平升高会加大你患上心脏病和中风的风险。[4]关于如何向专业人士咨询，请见第 6 章。

　　向有毒之人寻求了结意味着你重启与她的联络。好消息是，你未必需要"完美的结局"才能继续拥有快乐、充实的生活，你可以靠自己实现和解。

　　不要因为无法原谅某人而感到有压力，你可能还没有准备好。对有毒之人或情况感到愤怒是正常的。你甚至可能为此过度迁怒于自己了。如果不解决这个问题，这种导向自我的愤怒将引发焦虑和抑郁，所以你更要学会谅解自己。我知道这一点说起来容易做起来难，我们将在下一章中探讨其中的挑战和应对之法。

第4章

原谅自己

如何放下愤怒和自责

离开有毒的关系或环境之后，你可能会生自己的气。你可能为自己没有及早脱离这种情况而生气，或者你认为自己早该料到今天的结局。

当我们对自己心怀怨恨和愤怒时，我们与其他人的关系和自身的生活质量会受到影响。更严重的情况下，你会尝试不同的方法伤害自己，甚至会想到自残或自杀。偶尔对自我感到某种程度的失望是正常的，但倘若你的睡眠、食欲和总体健康开始受到影响，就应该主动寻求帮助，并进行反思。当你对自己感到愤怒时，做这两件事情会很难——首先，学习你从这次经历中获得了怎样的成长；其次，激发并感受到一些正义感——它们对你的康复至关重要。当你努力治愈对自我的愤怒时，你就可以迈向康复的更深层次。

阅读本章时，我希望你能记住两件事。首先，借用杰拉尔德·G. 扬波尔斯基的话，原谅就是不再对"改变过去"心存幻想。

有时原谅自己比原谅别人更难。我们对自己的批判往往比对别人的批评更多。如果你曾处于一段有毒的关系中，你将更加容易陷入自责。有毒之人很可能为他的过错反过来指责你，并让你做出改变。你可能需要一些时间来认识到，你值得被爱、被尊重，并对自己充满同情。

练习自我同情，或像对待最好的朋友那样对待自己，是治愈自己的一种方法。你会不断地告诉最好的朋友，他们很差劲或不配得到快乐吗？当然不会。你会对他们给予爱和支持。你遭遇的有毒之人很可能没有对你表示过任何同情，但你仍然可以善待自己。

> "到后来，我开始用母亲虐待我的方式对待我自己，这当然是不对的。"
>
> ——艾莉兹，25 岁

快速核查表：你在原谅自己方面有困难吗？

宽恕自己可能很难一步到位。你要意识到是否正在将怒火对准自己，让我们来核对一下，问一问自己是否同意下列说法。

1. 我觉得我已经无可挽回地破坏了我与家人、朋友的关系。

2. 我感到十分羞愧和内疚。

3. 我觉得我本可以用不同的方式做事，这种想法让我内心备受煎熬。

4. 我正在处理对自己的愤怒。

5. 我觉得我没有权利获得幸福。

6. 我不怪别人对我生气。

7. 我在这段关系中待得太久，我应该为此付出代价。

8. 我夜里睡不着，思考自己做错了什么。

9. 我故意伤害自己，因为我觉得自己配不上现在的一切。

10. 我一直对自己有负面的想法。

如果你对这些问题中的一个或多个回答"是"，你可能不太容易原谅自己。本章会分享一些阻碍你实现自我同情的常见信念以及应对方法，帮助你更好地接纳自己。

任何人都可能遭遇有毒的环境

你对自己愤怒，很可能是因为你无法相信，身为一个理智的成年人，为什么会为那样一个有毒之人沦陷。你可能会责备自己，入职时怎么就没看出这家公司有毒，或是你怎么能容忍家人对自己虐待了这么久。

要知道，任何人都可能成为有毒境遇、隐性虐待的受害者。你有多聪明或受过怎样的教育并不能令你对此免疫，你过去的人际关系是否健康也不重要。有毒之人可以用爱的"炸弹"将"猎物"蒙蔽。在求职面试期间，你专注于打动雇主，几乎不可能发现公司有毒的迹象。不健康的关系或状况通常不会瞬间到达顶峰——毒性会随着时间的推移而积累，就像莎拉在职场的遭遇一样。

大学毕业后，莎拉一直希望能加入某家心仪的公司。它在领域中享有极高声誉，莎拉在面试前做了调查，没有发现任何异常——知道这家公司的人都对它心怀敬意。面试相当顺利，公司为莎拉提供合理的工资和福利待遇，她成功入职。但就在上班的第一天，同事萨姆在她的办公桌前停下来，贴在她耳边说："莎拉，我想你有权知道这件事，你的老板在公司有骚扰女性的历史。"萨姆还让莎拉如遇问题时随时交流，以便提供帮助。

莎拉当即感到困惑。这家公司名声在外，到目前为止，老板在跟她的互动中表现得一直很专业。如果骚扰确有其事，为什么没有人向人事部门举报？萨姆的这番操作让她摸不着头脑。尽管如此，莎拉不想成为"抱怨者"，这毕竟是她入职的第一天。于是，她专心参加培训，继续忙碌，避免再次跟萨姆接触。

有一天，她刚到工位，就发现桌上的物品都被移动了——大约移动了几厘米，不是很容易察觉。几周后，莎拉收到提示，有人试图登入她的工作账户。她向老板报告了此事，调查随即展开。为配合调查，莎拉开始用文字记录工作中发生的事情：她的午餐经常丢失，萨姆抢走了她的功劳，同事在被提醒后仍然不会给她发送最新的会议安排。

几个月后，一位同事在洗手间里当面骂她是骗子。莎拉与这位同事几乎没有交集，之前也只是在同一个楼层里有过一面之缘。震惊之余，莎拉决定不告诉任何人，她担心这会让情况变得更糟。第二天，老板把莎拉叫到办公室，说收到了针对她的盗窃投诉，她将接受调查。当她走进休息室时，曾经友好的同事们都对她不理不睬。萨姆来到她的工位说："你最清楚自己都做了什么。"然后大笑起来。莎拉决定向人事部门举报职场骚扰，并联系了一位专门处理职场问题的律师。尽管如此，她还是想不出来自己究竟错在哪里。她在洗手间的遭遇本该上报的，或者她在第一天就该向老板反映萨姆的行为。她怨恨自己错过了这些机会，甚至为当初决定入职而愤怒。莎拉的工作表现不断下滑，焦虑和失眠相继出现。

焦虑和恐惧的表象是愤怒

当你对自己生气时，可能是在掩盖其他感受。有时愤怒实际上是在掩盖焦虑或恐惧。这些感觉看似相同，但它们之间却有关键差异。

焦虑是预感坏事要发生，但你不知道具体会是什么事情。这种感觉既模糊又强烈。有时，当我们试图压制各种其他情绪时，就会感到焦虑——它让我们很难分辨其他被压制的情绪是什么。与此相反，恐惧本身就是一种情绪。当看到、听到或感觉到你周围有危险的人、事、物，恐惧便是结果。

焦虑和恐惧之间的另一个区别是这种感觉是否会促使你采取行动。焦虑会令人瘫痪，而恐惧通常会促使一个人远离威胁。那么，你现在感觉到焦虑、恐惧，还是两者都有？

与心理健康专家交谈可以帮助你处理好个人情绪，特别是在你退出有毒的关系之后。焦虑也可以通过运动、正念练习、治疗和药物来调控。你将在第 6 章中了解更多关于向心理咨询师求助的建议，并在第 7 章中了解正念训练的步骤。

日记素材——用图画标记出你的身体反应

当你从一段有毒的关系中走出来时，身体上会有多种感觉，例如，心跳加速、手心出汗或紧张不安等。以上感觉都是正常的，停止跟有毒之人接触后，你需要一个过渡期来适应这种新常态。但这些感觉掺杂在一起，你可能很难分辨它是焦虑还是恐惧。在日记中用简笔画勾勒出一个小人，并将你体会到的感觉标注到对应的身体部位上，你甚至可以按照感知顺序为它们编号。也许你最先感到手心出汗，然后是呼吸困难，之后是心跳加速。识别出这些感觉是解决问题的关键。当发觉自己焦虑或恐惧的状态时，迅速进行自我安抚，例如去散步或深呼吸。一两个星期后，你可以回顾一下日记中的图画，看看这些感觉是否有变化。

日记素材——是愤怒、焦虑，还是恐惧？

你的愤怒是由什么引起的，焦虑还是恐惧？你可能对有毒之人对待你的方式感到愤怒；有毒之人突然从你的生活中消失，这种焦虑也会导致愤怒。你可能会恐惧自己无法重新开始，还可能恐惧自己会失去控制。写下你在生气时的想法和感觉。然后再认真思考，分析哪些焦虑和恐惧可能与你的愤怒有关。

内疚和羞愧的普遍存在

内疚和羞愧是人类拥有的两种非常强烈的情绪。它们可以将我们撕裂，使我们变得空虚。它们不会给我们的生活带来很多积极的影响。当你认为自己违反了心中的道德标准，做了不该做的事情时，内疚就会发生。当你对自己做出负面评价时，羞愧的情绪就会出现，你会想要隐藏或否认自己的某些行为或经历。内疚感和羞愧感都与抑郁症相关，而羞愧感则与焦虑密切相关。[1]

内疚和羞愧可能难以释怀，尤其是当它们成为有毒之人操纵你的工具时——他们会对你说：

- "如果你能表现得正常一点，我们就不会有问题了。"
- "你是我和整个家庭的耻辱。"
- "你是有什么毛病吗？"
- "你做了那么多错事，怎么还敢对我生气？"

- "先把你自己变成完美的人吧，然后再跟我谈我的行为。"
- "你没有权利对我生气。"

这些都是转移你注意力的策略，为的就是让你不要提起她的不当行为。你向有毒之人坦言，她的行为让你不高兴，而她却回应说："你总是想要得太多！那我呢？我是如何受苦的呢？你都不知道我经历了什么！"然后对话就被带偏了，你变成了那个"恶人"。他可能告诉你，如果你不做或不说什么，他就不会做出那样的反应。事实上，你没有让任何人做任何事情——你只需要对自己的行为和看法负责，有毒之人则要你对他的行为负全责。在有毒的关系中，责备和羞辱的目的是让你"听从号令"，对你施加控制。

等到你自己都开始觉得你应该受到惩罚或不好的待遇，有毒之人就会趁机加大讽刺和羞辱的力度。当你感到内疚或羞愧时，你会发现自己在说话时经常加上"应该""本该""想要"等词。例如：

- "我应该早点想明白的。"
- "我应该给我的父母打电话。"
- "我本可以做得更多。"
- "如果我真的努力，我可以做得更好。"

- "我想要离开，但我不知道如何离开。"
- "我本可以帮助她，但我不知道她需要帮助。"

所有这些说法都是我从客户那里听到的，他们中的一些人已经切断了与有毒之人的联系，有一些仍被困其中。如果你痛恨自己没能"早点看清楚"，那么请试着原谅自己。记住，有情感操控或自恋行为的人极其善于掩盖他们的破坏性行为，他们往往从表面上看起来很好，尤其在关系的"理想化"阶段。他们也非常擅长将自己的行为归咎于他人。

如果你执着于"我为何没有早点离开"或"我当初真不应该回去"等想法无法自拔，请重温第 1 章——那些善良、聪明、理智的人却最终陷入有毒的关系是有原因的。有毒之人会通过威胁或情感勒索来将你困在其中。随之而来的暴力升级、虐待、悔恨重聚形成一个循环，又导致了创伤性联结，使你更难离开或切断与施虐者的联系。在有毒的关系中，你还可能经历了认知失调。认知失调会使你陷入迷茫，无法下决心采取行动，而且会过度消耗你的情感或精神能量。建议你看清内疚和羞愧对自身的影响，可以借助第 86 页"放下内疚和羞愧"的日记素材，也可以跟值得信任的心理健康专家交流（第 6 章将有更多介绍）。

归根到底，离开一个有毒的环境本身就是很困难的，而且会面临许多不可控因素。但很幸运，你已经成功脱身，你真的很勇敢。

> "我去上大学时，心中充满歉疚，因为我要把弟弟、妹妹和母亲全都抛在家里。但心理咨询师告诉我，我有权开启自己的生活。"
>
> ——邦妮，64 岁

> "多年以来，我为自己没能尽早脱身而自责。现在我意识到，我的想法被操纵了，我误以为自己永远无法独立生存。"
>
> ——英格丽德，40 岁

不要被自己的情感绑架

你可能会对自己说，"但我也曾对伴侣或家庭成员做出过虐待行为"。不要忘记前面提到的"反应性虐待"（见第 16 页），当你被无情嘲弄或逼至绝路时，为求自保，你会进行反击。这并不意味着你有虐待行为。

将自己也定义为施虐者，倒像是在对自己进行情感操控。你可能会短暂地对有毒之人的虐待行为视而不见，但这终究不是长久之计。与心理健康专家讨论你所经历的事情以及你面对自身行为的矛盾感受，可能会有帮助。对自己宽容些，不要被自己的情感绑架。

> "我终于决定骂回去。那个轻声说话的自己消失了，她把我变成一个'咆哮狂魔'。事后她说，我才是那个失控、不理智的人。"
>
> ——艾登，35 岁

日记素材——放下内疚和羞愧

在日记中跟自我交谈，将内疚和羞愧的感觉写下来。寻找这些感受的来源。是你的父母、老师、老板或同伴对你说过什么吗？然后再写一句话，扭转自己的内疚和羞愧。例如，"你什么都做不好"可以改成"我一直在尽力而为，这就够了"或"我在生活的许多方面都取得了成功"。每当你发现自己意志消沉、产生内疚和羞愧的感觉时，就翻开日记，用同样的方法改写句子。过段时间之后，你会自动将消极的自我暗示变成积极的自我暗示。

跟共同饲养的宠物道别

你的前任可能养了一只宠物，你对它产生了感情，或者你和他一起养过宠物。因此，跟宠物告别也会成为终结这段关系的一大挑战。很多时候，动物能够区分有毒之人和心态健康的人——而你可能已经成为跟宠物最亲近的人。宠物当然最好由心态健康的人来照顾，但现实未必如此。你可能已经搬到了一个不允许养宠物的地方。你的前任可能同意你定期来看它，但她食言了；或者你已暗下决心，为了自己的心理健康，不打算再跟她和宠物产生瓜葛。

有毒的关系急需终止，告别宠物又令你心碎。你可能对自己"抛弃"宠物而感到愤怒，但生活就擅长给我们抛出难题。你要做的依旧是原谅自己。跟宠物分别虽是无奈之举，但它会记得你们共享的美好时光。

> "把露露留给前夫是我做过最难的事。露露是他养的，但我们真的很亲密。我很想再看到露露，但这意味着与前夫接触，我怕自己受不了他的刺激。"
>
> ——简，28 岁

打造情绪的内部控制点

劳伦终于决定从父母家里搬出去了。多年的情感虐待和言语虐待令她痛苦万分——父母总是把家庭生活中的任何问题都怪罪于她，她觉得自己仿佛什么都做不好。劳伦搬到了男友家里，两个人已经谈了几年恋爱，关系基本健康，但她不敢提出任何质疑，因为她想尽量避免冲突。劳伦受够了父母家中的吼叫和争吵——尽管男友一直很和善，她仍会避免将他激怒。她还担心，跟男友吵架的结果就是被他甩掉，她将不得不搬回去跟父母住。如果男友或身边的朋友做了让她不高兴的事，或是有人对她说了什么批评的话，劳伦就会变得状态极差。这一天，男友善意地建议她去做心理咨询，或许她将从中受益。

劳伦与心理咨询师见面时，心理咨询师请她按照 1~10 分评估自己的情绪，1 分表示非常糟糕，10 分表示非常好。"目前是 7 分，"劳伦回答说，"但我会在 2~9 分之间波动，取决于等一下会发生什么。"

"是什么改变了你的情绪？"心理咨询师问道。劳伦列举了一些导致她情绪低落的事件，心理咨询师随即问劳伦她的情绪是否极易受周围事件的影响。

"当然，怎么可能不受影响？"劳伦答道。于是，心理咨询师向她介绍了"外部控制点"的概念。

当你的情绪控制点偏向外部时，一旦有状况发生，你的情绪很容易随之而改变。如果你心情不好，你就很难把自己从这种心境中解放出来。相比之下，当你拥有了内部控制点，你会感觉到稳定和踏实。一旦外部环境发生改变，情绪出现波动，你可以很好地抵御这一切——你觉得自己有能力处理大多数事情，因为你向内寻找动力和力量。

劳伦和心理咨询师聊到了她与父母的相处，以及这些经历如何影响了她与男友和朋友们的互动方式。劳伦的情绪非常依赖于他人的行为。后续几周，心理咨询师帮助她转向情绪的"内部控制点"，劳伦冷静了许多，她意识到其他人的行为并不是针对她的——换句话说，她不必责备自己，更不需要对周围的其他人负责。劳伦开始真正倾听男友以及朋友们谈话的内容，而不会产生抵触情绪或陷入坏情绪。她大胆表达自己对爱情和友情的期待，不再担心争吵或被抛弃，劳伦的生活变得更好了。

当你无法原谅自己时，往往会让外部力量左右你的感觉和行为。当你能够原谅自己时，你的情绪控制点就转到内部。爱自己意味着给予自身更多信任，知道自己会好起来。

信任自己并善待自己，这说起来容易做起来难。但通过以下自我同情的练习，你将更主动地朝着这个目标前进。

实现自我同情

抛开内心的束缚会让你获得自由。摆脱内疚和羞愧，快乐是你应得的。下面列出的方法有助于你实现自我同情，最终你将宽恕自己，并放开那些无益的情绪。

自我激励

虽然自我激励看起来很傻很不真实，但很多时候，如果我们反复对自己说同样的话，它们就会成为现实，无论那些话是消极的还是积极的。你可能在日记里写下了许多负面信息，因为前任或某位家庭成员不停地告诉你，你不够好（甚至还有更刺耳的话）。请试着用自我激励来抵消那些负面信息。你可以直接使用下面提供的话语，也可以自行创造。

- "我很平静，很冷静，很镇定。"
- "我很好，很健康。"
- "今天是充满奇迹的一天。"

创建激励语的建议是：保持积极。避开"不要""不能"或类似的词语。可以使用任何让你感到满足和有希望的激励语。把它们设置成手机锁屏，并张贴在家里常见的地方，例如冰箱或浴室镜子上。你甚至可以让它们在手机屏幕上定时弹出。这些自我激励会为你的一天带来积极的氛围。记住，即使你不相信自我激励会创造奇迹，它依旧能发挥作用。

转向积极的应对策略

离开有毒的环境后，你很可能发现自己养成了一些坏习惯。一部分原因可能是你终于可以做自己想做的事情而不被嘲弄或操纵了。然而，为了转移愤怒或悲伤情绪，你可能转而尝试某些高风险的行为——治疗师称之为"非适应性应对方式"。结合自己的情况，看一看你是否出现过以下行为：

- 吸食毒品或过量饮酒。
- 高危性行为。
- 滥用处方药。
- 避免与情绪健康的朋友和家人相处。
- 节食或暴饮暴食。
- 过度运动。
- 自我伤害。
- 频繁做出冒险行为。
- 过度沉迷于网络。

你可能尚未清楚地意识到这些不健康的应对机制会带来哪些影响。但随着时间的推移，它们会增加你的压力水平，使你疲惫不堪，并对你的身心健康造成伤害。它们也无法帮助你实现治愈；恰恰相反，它们极具破坏性。如果你出现过上述行为，有必要认真检视你的自我价值感。

积极的应对策略使你立足于当下，缓解你的愤怒和悲伤，提升自我认同。不同策略的有效性因人而异。你可以挑选一种或几种感兴趣的策略，并不断尝试直到找到最适合自己的策略。下面是一些常见的积极应对策略：

- 腾出时间去看望朋友。

- 舒舒服服洗个澡。

- 做一些富有创造性的事情，例如绘画、写作或演奏乐器。

- 与你的孩子一起玩耍。

- 花时间与你的宠物玩耍。

- 走到户外，享受大自然。

- 第 7 章中描述的关爱自己的做法，例如保持良好的睡眠，练习冥想，写日记，适度运动，限制社交媒体的使用等。

如果你还在挣扎，与心理健康专家交谈可以帮助你梳理感受，减少非适应性应对方式，并学习用健康的方式照顾自己（关于咨询心理健康专家的更多内容请见第 6 章）。

> "我发现，尽管我努力避免成为父亲那样的酒鬼，我还是一度无法控制自己。我其实是在用酗酒来掩盖对自己的愤怒。治疗师为我制订了康复计划，我已经戒酒两年了。现在，当我感到沮丧时，我会写日记或是与爱人、朋友交谈。"
>
> ——卡特琳娜，32 岁

重构消极想法，放下"本该"思维

你可能会告诉自己，"当初应该早点离开""真不该接受那份工作"或者"早该知道结局如此"。诸如此类的想法会让你压力倍增。我们无法改变过去，所以"本该""当初要是如何"这种词只会让你更无奈。它们不会推你前进，反而将你禁锢。你之前读到的"应该""本该""想要"等词跟内疚和羞愧脱不了干系。

一旦发现自己要使用上述词汇，就尝试把它们改写成积极的说法。例如，"我应该早点离开"可以改成"我选择了及时离开，那就足够了"。重构消极想法可以帮助你提升状态，让你对未来抱有希望。练习重构的次数越多，积极的想法就越容易浮现——你甚至会发现，时间久了，头脑中消极的想法在大幅减少。下面来演示一下如何重构消极的想法：

消极想法	重构后的想法
"我不知道要怎样才能渡过这个难关。"	"这段时间很有挑战性，但事情会向好的方面发展。我还有许多求助渠道。"
"我真不敢相信我这么傻，怎么就没发现她如此自恋。"	"自恋型人格一般很难察觉，而且我很勇敢地选择了离她而去。"
"没有人值得信任了。"	"一下子就相信对方或许不容易做到，但我觉得信任可以慢慢培养。"
"为了让他回到我的生活中，我愿意付出一切。"	"离开他是件好事，我的睡眠质量提高了，我每天都在变得更加健康。"
"我成为老板骚扰的目标，一定是我哪里做得不好。"	"骚扰完全是骚扰者的错，我没有做错任何事。"
"我不知道向谁求助。"	"我拥有的支持比我想象的要多。"

　　"我曾经想不通，为什么没有早点离职，怎么就没早点看穿老板的丑恶嘴脸。后来我意识到，他善于伪装，一开始表现得很'正常'，我不可能知道他到底是什么样的人。"

——爱德华多，45 岁

分享你的经历

出于内疚和羞愧，许多人选择对自己的遭遇避而不谈，但是你并不孤单。现在，越来越多的人公开谈论自己如何从骚扰和虐待中逃脱。有时候，说出有毒之人犯下的错误，会给我们自由的感觉，这也让内疚和羞愧得到释放。当内疚和羞愧停止，愤怒也随之离开。

以任何你觉得安全的方式说出自己的经历，可以在心理咨询与治疗、支持小组中分享，与值得信赖的朋友和家人面谈，或通过博客发布在网络上。

有一点值得注意：请向法律专业人士咨询，了解你可以披露相关经历的边界。例如，使用对方真实姓名并给他贴上施虐者的标签，可能会使你陷入被动。建议你更多聚焦在事件和经历上，避免涉及身份信息。

另一种分享方式是声援更多遭遇过有毒经历的受害者。例如，积极倡导法律修订，为家庭暴力受害者提供更好的保护，或教育年轻人如何识别心态不健康的人。关于为他人服务的更多信息，请见第 10 章。

　　　"我找到了一个为不正常家庭中长大的人设立的
　　'12 步小组'。我每周都去参加他们的聚会。知道有其

他人经历了和我一样的事情，让我不再紧绷，他们绝不
会对我进行评判。"

——卡佳，30 岁

不要质疑自己的选择

离开那个有毒的环境后，你可能会陷入猜疑。你怀疑虐
待行为是否真的像你记忆中的那样糟糕。你可能觉得，对方
的行为被自己的印象夸大了。

当你摆脱虐待行为独自前进时，后悔和猜疑是正常的。
这代表你心中的恐惧在发挥作用——虐待对你不利，但逃
脱后的生活却充满了不确定性，倒不如返回那个有毒的境
遇，至少虐待行为在一定程度上是可预知的——你又会为产
生这种想法而生气。别忘了，如果这段关系或你所在的环境
是健康的，你就不会离开它。你选择离开是正确的决定。如
果有毒之人主动离开了你，权当她帮了你一个忙吧。在她身
边耽搁越久，你的处境就越危险。我们的内心都渴望确定性
和稳定性，它们迟早会走进我们的生活。耐心一点，逃脱
有毒境遇的生活一定会更加舒适，你将找回踏实、安全的
感觉。

日记素材——哪些好事已经悄然发生？

当你质疑自己离开的决定时，你可能会忽略自从你们断绝关系，发生在你身上的好事——你拥有了新的机会，遇到了更好的人，还有切断联系后你的健康状况和对人生的看法都在改善——花时间回想这些方面的变化，把它们记录下来。自从你将有毒之人赶出你的生活，身边会发生一连串的积极事件。但当你感到焦虑或沮丧时，可能很难看到这些。想一想，你现在是否拥有更多时间去追求兴趣，专注于给你带来快乐的事情？这些小幸福降临的时候，就把它们写在日记里。当你偶尔质疑自己的选择时，翻开这份清单，提醒自己——美好的事情已经悄然发生。

有毒的关系结束后，对他人以及自己感到气愤和怨恨是正常的。你还可能感到内疚或羞愧。这些都是正常的感觉，任何人都有可能踏入有毒的环境。当你放下自责，就能培养出强大的"内部控制点"，进而在人际关系中保持从容，在生活的磨难面前保持冷静。建立复原力、治愈自己的另一个关键步骤是设置并维护健康的边界感。这将是我们接下来要探讨的内容。

第5章

建立界限

如何保护自己的利益，并把自己放在
第一位

回想小时候，里斯形容自己是个安静的孩子，从不招惹麻烦。他从小跟父亲一起生活，同时还有各种人在家里进进出出。虽然童年的阴影使他很难记清所有事，但他永远忘不了父亲吸食毒品所带来的混乱。为了换取毒品，有时候父亲会默许他的"朋友们"对里斯进行身体虐待。父亲曾警告他，如果他在学校里谈论家里的事，里斯就会被从家里带走——而如果他被州政府带走，会有更可怕的事等着他。里斯偶尔希望学校老师能注意到他需要帮助，这样的话，就不算他主动告发了。还有少数时候，父亲没有处在亢奋状态，表现得应该更像一个普通的父亲。但里斯其实并不了解普通的父亲应该是什么样子的，因为他也不怎么和其他孩子交往。

多年以后里斯终于解脱，拯救他的是女友奥黛特。他离开父亲的房子并切断了跟他的联系，开始跟奥黛特同居。然而，当里斯外出时，奥黛特总想知道他要去哪里，什么时候回来，并会反复给他发信息、打电话。里斯希望奥黛特调整她的做法，结果她大发雷霆："我把你从那样的家庭里救出来，一心想要照顾你。里斯，你怎么能忘恩负义呢？"

里斯最近与同事本走得很近。随着二人交流的深入，里斯发现他们有相似的童年和经历。为了治愈心灵创伤，本付出了巨大努力。有一天，当他们在午休散步时，本小心翼翼地提起了奥黛特。他说："你已经试着和她谈了好几次了。但是，与一个不愿意为自身行为负责的人建立健康的关系是不可能的。"

"我甚至不知道健康的关系是怎样的，"里斯回应道，"我知道她的行为方式是不对的。但我也有点反应过度了，想想童年的噩梦……至少奥黛特关心我在哪里、在做什么。"

本说："我真心觉得你需要改进两件事：正视童年经历和学会设定界限。"里斯听说过"界限"这个词，但并不清楚它的含义。本告诉他，拥有良好的边界感有助于其他人把握与他相处的方式。"一开始很困难，但我越是能够维护自己的界限，生活中就会被更多情绪健康的人围绕。"

什么是界限?

界限是你对自己和你的人际关系设置的各种准则或限制。它们帮助你保护自己的空间,防止你将别人的需求置于自己的需求之前。不同类型的界限包括:

1. 情感界限是关于尊重你的感受和了解你的情感能量,知道何时可以分享(以及何事可以分享、分享的尺度),并认识到你能承受多少情感能量。

2. 身体界限是关于保持个人空间,对身体接触的接受程度,以及确保各项身体需求(例如食物、水和睡眠)得到满足。身体界限还涉及如何在身体健康的范围内进行锻炼。

3. 性界限是指只有在你和你的伴侣同意的情况下才进行性活动,了解彼此的偏好和习惯,并有权改变主意或对你感到不舒服、不安全的任何性活动说"不"。

4. 时间界限是指了解你的优先事项,并为它们留出时间,不过度承诺,对时间安排不合理的要求说"不"。

5. 心理界限是指尊重自己和他人的想法和观点。拥有这些界限意味着愿意在相互尊重的基础上讨论问题,并期望与你对话的人也能如此。心理界限还包括你有权寻求信息,并在你感兴趣和关注的领域获得教育。

在有毒的关系中，你通常不确定你有哪些权利，而对方似乎一直在挑战你的界限。

本章将向你介绍健康的界限、你拥有的权利、依恋模式对边界感的影响，以及在特定情况下（例如共同抚养子女）维持界限的方法。健康的界限包括：

- 对那些不适合你的生活方式或使你不舒服、不安全的事情说"不"。
- 愿意获得他人的支持和帮助。
- 当你需要独处的时候，告诉别人，然后屏蔽外界干扰。
- 除了拥有彼此，还拥有其他兴趣爱好。
- 开诚布公地表达自己。
- 让别人知道你的边界。
- 当某人越界时，直接、坚定地让对方知道。
- 享受生活，而不会为此感到内疚或羞愧。
- 表达自己的需求。
- 能够识别他人的不健康行为。
- 在一段感情中的某些阶段展示自己脆弱的一面。
- 能够接受变化和过渡期。
- 意识到哪些可控，哪些不可控。

当你的大脑空间不再被有毒之人占用时，你将从生活中找回更多的时间和精力。

界限不是一成不变的，还有些界限具有一定的灵活性。例如，对一些人而言，向他人表明自己的界限至关重要。而如果你和对方有许多共同爱好，"除了拥有彼此，还拥有其他兴趣爱好"对你来说可能就没有那么重要。当你阅读本章时，想一想哪些界限对现在的你来说是最重要的。

如果有人越过了你的界限，根据你们的关系，你需要决定是否允许对方的行为。如果无法跟对方划清界限（例如说共同抚养），则需要重新思考如何减少接触。

> "跟那个混蛋断绝关系以后，我的生活轻松了许多。"
>
> ——卡罗琳，54 岁

日记素材——写出你的界限

你身边的有毒之人常常会试图破除或无视你的界限，导致你误以为自己没有任何界限，但其实你身上一定是存在边界感的。向自己提问一系列问题，找出你的界限：你在日常生活中遵循哪些指导原则？有哪些人或物是你会努力维护的？你会向他人说明自己的价值观吗？

你可以仿照下列语句描述自己的界限：

- 我有权受到尊重。

- 其他人需要用尊重的语气与我交谈。

- 我不会把钱借给朋友、家人或合作伙伴。

如果你很难想出类似的原则，没关系，想一想你崇拜的人，无论他们是否在世，他们的生活准则是什么？可以考虑把这些作为你的界限。

写出你的界限，并定期回顾。当你被心仪的对象冲昏头脑，隐隐觉得哪里不对劲，或需要做出重大决定时，日记中的信息将派上用场。一旦你受到诱惑，打算违背原则，之前列出的界限将提醒你对自己的冲动负责。

日记素材——应对越界行为

回想一下，当你以口头方式或其他方式提醒某人，他们对待你的方式是不妥的，他们是否尊重你的界限？还是说，他们大吃一惊，甚至感觉受到冒犯？坚守原则或界限可能会超出你的舒适区，也可能会有人为此而想要"惩罚"你。

顶住外力并守住界限，可能会引发焦虑或自我怀疑。请记住，你有权在任何时候、以任何理由声明或维护你的界限。在这篇日记中写下你在守护界限时的感受、你得到的反应，并记录这些经历对你的边界感产生了怎样的影响。尽可能详细地写出维护界限的全部经过。再写出你希望自己当时还需要采取的行动。也就是说，你通过日记为故事续写了一个新的结局，这将帮助你夺回对叙述的控制权。

如何坚守原则和界限

有毒之人可能会告诉你，你的界限是愚蠢可笑的，或你太敏感了。有毒的经历也会让你觉得设立界限是软弱的表现，或者你不懂得该如何守护界限。

事实是，你只是没有意识到自己有能力维护边界感，因为有毒之人会宣告你没有权利这样做。有毒的处境很艰难，但你很可能已经有过许多维护界限的经验，这也算是悲惨中的一丝好消息吧。回想自己从小到大的经历，你有没有做过以下事情？

- 对其他人说"不"。

- 跟对方说"不",并且不觉得有必要做解释。

- 为被欺负或被骚扰的人撑腰。

- 告诉别人你需要什么。

- 当你的订单出现差错时,写邮件或打电话给对方。

- 将商品退回给商店。

- 邀请别人参加社交活动。

- 给孩子立规矩。

- 晚于某个时间就不再查收短信息、邮件和语音信息。

- 当有人突然触摸你的头发、文身、疤痕或孕肚时,你
  会退开。

- 对销售电话说"不",直接挂断或拒接。

- 告诉医生你的康复进展或你的症状尚未消失。

- 注意到他人的错误,提醒或告诉对方正确的做法。

- 教导儿童。

- 成为别人的上司或主管。

- 审核别人的工作或作品。

- 因为食物送错了、味道不好或没有煮熟而退货。

- 对孩子、父母或宠物的就医情况做出决定。

这些都是设立和维护界限的例子。既然你曾经做到过,
我相信你可以再做一次。

你的基本权利

除了各种界限之外，作为独立的人类个体，你还享有下列权利：

- 感到安全。
- 在任何时候说"不"。
- 在任何时候改变自己的想法。
- 选择和谁一起度过时间。
- 不必将所有事做到人类最高水平。
- 被尊重。
- 做出自己的决定。

当以上权利受到侵犯时，后果会比"越界"要严重。它们可以说是你的底线。凡是践踏了这些权利的人，必须要从你的生活中消失。如果和某人在一起时你感到不安全，请果断切断联系。在这方面要相信自己的直觉。

> "我很难拒绝别人，因为真的不想让他们失望。一旦讲出'不行'，我还要补上各种解释，生怕对方不满。后来我听说，'不行'两个字本身就是一句话。说的没错，我没必要解释。我有权说'不'。"
>
> ——贝利，32 岁

快速核查表：你的边界感如何？

对于以下陈述，请回答"是"或"否"，看一看你在大多数时间有没有守住界限。（始终坚守界限并不现实，我们都不完美，都有成长和发展的空间。）

1. 当被要求参与不想做的事情时，我会拒绝。

2. 必要时，我会主动寻求帮助。

3. 如果一个朋友要求借钱，而我觉得这样做不太合适，我会说"不"。

4. 如果我需要一些独处的时间，我会让别人知道而不感到内疚。

5. 当我累了，我会休息，而不是强迫自己继续工作。

6. 如果我的需求在一段关系中没有得到满足，我会冷静和善地说出我的需求。

7. 当我觉得自己就要生气时，我会停下来，决定是否需要冷静一下。

8. 如果有人提高嗓门，我会告诉他这让我感到不舒服，请他停止。

9. 我可以用一句简单的"谢谢你"来回应对我的赞美。

10. 我了解自己的优势和劣势。

11. 如果我觉得自己被误解了，我会和对方交流。

12. 如果有人不高兴，我不觉得必须由我出面协调解决。

如果你对上述一半以上的描述回答"是"，代表你有健康、合理的边界感，接下来可以多去改善回答"否"的陈述。

如果你对这些陈述中的大多数回答为"否"，建议把它们整理出来，花点时间，逐个击破。

依恋模式

你能否在人际关系中保持健康的边界感，很大程度上取决于依恋模式。你的依恋模式是在童年时期形成的，关键要看照顾你的人如何跟你互动。依恋模式主要有四种——焦虑型、回避型、混乱型和安全型。焦虑型、回避型和混乱型依恋模式属于不安全型依恋。

焦虑型依恋

焦虑型依恋模式的特点是"你很好，但我不好"。此类人群的父母或看护者通常是喜怒无常的，时而和蔼亲切，时而爱答不理，让孩子处于"拉力 + 推力"的状态。焦虑型依恋的人内心害怕被抛弃，觉得自己不够"好"。人们热衷于给她们贴上"黏人"或"不甘寂寞"的标签，并且她们非常希望亲密关系快速升温。

在约会时，她可能会专注于思考是否有人对她感兴趣或伴侣是否打算结束这段关系。如果对方不主动联系，她便一直纠结为什么，甚至会反复打电话或发短信，以减少内心的焦虑。

焦虑型依恋的人倾向于压抑对某段关系的担忧，或愤怒地表达这些担忧，或通过消极不作为向对方抗议。为了取悦、留住对方，她会放弃自己的界限。在职场上，焦虑型依恋的员工可能过度担心自己是否称职，会不会随时被解雇。老板的一封邮件能让她产生最坏的想法。她可能会不断询问他人，请对方认可她的付出。

焦虑型依恋的人极度在意别人对她说的话、做的事。即便对方才是犯错的一方，她还是会问自己有没有做了什么惹得对方不高兴。她不愿离开所处的环境，哪怕是有毒的境况——因为在她眼中，独处似乎是更可悲的。她会找自己特别依恋的朋友见面，如果对方无法赴约，她会变得很不安。

> "我超爱给朋友发短信息，发特别多的短信息。如果谁没回复，我就会非常焦虑。我立刻想知道我有没有

惹他们不高兴，还担心他们再也不理我了。现在我懂了，人要是忙起来，会顾不上回短信息。"

——劳拉，29 岁

回避型依恋

回避型依恋模式的特点是"我很好，但你不好"。此类人群的父母或看护者通常跟孩子没有亲密的感情，并且教导孩子压抑、不表达自己的情感。回避型依恋的症结在于害怕被拒绝，害怕在另一个人面前暴露自己的脆弱。

回避型依恋的人可能有严格的界限，不允许任何性格或环境方面的变化。他们不会在人际关系中表达担忧，因为觉得反正不会有什么好结果。他们的感情生活大多由热变冷：刚接触时比较兴奋，但当关系逐渐亲密时，他们反而开始疏远。回避型依恋的人抵制身体上的亲近，例如牵手、依偎或拥抱，所以常被贴上"冷淡""冷漠"或"若即若离"的标签。这种人可能会说自己忙于工作或其他活动，没时间陪伴爱人、朋友或家人。他们喜欢批评其他人，并且有完美主义的倾向。他们过于独立，不愿寻求他人支持。

回避型依恋的人可能认为别人"不够好"，因此不会认真对待其他人的要求。他们选择远离人群，避免参加家庭聚会或社会活动，极少谈论自己的生活。就算会感到孤独，他们仍可以连续数周不与外界联系或接触。

> "我正在努力变成回避型依恋的人。我想跟其他人保持距离，因为亲密的关系使我窒息。我不喜欢把关系定义得过于死板或绝对，也讨厌'排他性'这种说法。"
>
> ——埃里克，50 岁

混乱型依恋

混乱型依恋的特点是"我不好，你也不好"。此类人群在人际交往中往往严重缺乏应对技能。他们既害怕被抛弃，又害怕让别人看到自己的脆弱，算得上是焦虑型和回避型的混合体，其诱因可能是童年遭遇的创伤或虐待。他们可能有频繁的情绪变化，并感觉无力改变自己的生活环境。形成健康的应对机制对她们来说可能很困难——她们行为古怪，阴晴不定，自我形象不佳，还会做出自我伤害的行为。

这种依恋模式的人很难拥有长久的关系。混乱型依恋的人几乎没有界限，而当伴侣说出自己的界限时，她们会被激怒。她们倾向于在过度依恋和疏远之间摇摆。朋友、家人和同事很难弄清楚该如何跟她们相处。

"我是混乱型依恋的人。我会因为朋友没有和我一
起去某个地方而大发雷霆，但事后又因为没有她的消息
而焦虑不安。"

——里弗，30 岁

安全型依恋

安全型依恋模式的特点是"我很好，你也很好"。具有
安全型依恋模式的人愿意在关系中暴露出内心的脆弱，并且
可以接受独处。当他们觉得一段感情出现问题时，会在相互
尊重的基础上诚实地解决问题。他们不责怪其他人，因为他
们很清楚每个人的行事方式不同。他们能够关爱自己，知道
何时需要拥抱群体、何时需要独自面对。

安全型依恋的人往往拥有健康的边界感，能坦率表达他
们的界限。他们会随着自身发展和人际关系的变化来调整自
己的界限。他们愿意从无法满足自身需求的关系、友谊或工
作中走出来。如果有人想要切断与安全型依恋者的关系，他
们会感到伤心，但不会过度自责，也不会强行挽留。

当关系中的两个人同属于安全型依恋模式时，他们往往
能相互依赖：每个人都觉得自己是独立的个体，但他们又能
自如地与另一个人分享自己。每个人都觉得自己值得受到尊
重，可以对某些事情持不同意见，但这并不影响彼此的亲密

关系。对一个人来说敏感的话题，另一个人也会以尊重的态度对待。

焦虑型依恋与回避型依恋的相遇

一段有毒的关系经常是焦虑型依恋与回避型依恋的组合。这听起来耳熟吗？当你遇到对方时，你们瞬间产生化学反应，被彼此深深吸引——此时你们在各取所需。焦虑型依恋者开始"黏着"对方，这更加让回避型伴侣坚信，进入一段关系意味着失去独立、失去自我。反过来，回避型依恋者的"冷漠"举止也证实了焦虑型伴侣的信念——自己不够好。在这段关系中，回避型依恋者会想方设法退避，而焦虑型依恋者则会步步紧逼。

> "我曾经是安全型依恋模式。然而跟一个自恋者相爱后，我变成了焦虑型依恋。通过咨询与治疗，我需要回到安全型依恋模式中来。"
>
> ——梅根，46 岁

注意你的沟通方式

如果你是不安全型依恋模式，你可能更愿意通过短信沟通，而不是电话或见面互动。[1] 回避型依恋的人倾向于发短信息，因为他们不推崇亲密关系，需要伴侣的支持也比较少。焦虑型依恋的人会频繁发短信息，因为他们害怕被抛弃，想时刻与伴侣"亲密"接触。大量的文字信息可能会冲击其他沟通方式，关系中的"怨念"随之增加。[2]

文字信息并非一无是处。研究发现，原创一段积极的文字发给伴侣，能够促进感情升温。主动发消息对一段感情也有正面作用。[3] 由此可见，可以偶尔发短信息，而且要多传递积极的内容或简短的事实性信息（例如"我 10 分钟后到"）。

也就是说，复杂的感情不适合用文字传递。短信息不能传达文字背后的语气和感觉，而且你会错过面部表情、肢体语言等非语言线索，这对理解对方至关重要。见面或打电话有助于建立情感上的亲密关系，也更适合讨论敏感话题。

"我正在谈恋爱，对方是安全型依恋模式。我们每天最多互发两次消息，然后每隔几天通一次电话。我们提前讨论了彼此能够承受的联络方式和频率，这对我们步入下一个阶段很有帮助。"

——格蕾丝，32 岁

快速核查表：你的依恋模式是什么？

阅读下列陈述，回答"是"或"否"。

1. 我倾向于把自己的感受吞下去，不去谈论它们。

2. 如果我觉得有人刻意与我保持距离，我会做出愤怒的反应或拒绝跟对方沟通。

3. 我不一定需要跟伴侣、家人或朋友定期联系。

4. 如果我在一定时间内没有听到某人的消息，我会感到焦虑。

5. 我能够从分手中走出来，而不会郁郁寡欢。

6. 我一直在担心我的伴侣或朋友会终止我们的关系。

7. 我不觉得有必要跟伴侣或孩子有非常亲密的关系。

8. 我喜欢伸手触摸他人，这帮助我拉近与他们的距离。

9. 我对与他人长时间的身体接触感到不适，包括让他们坐在我身边。

10. 有时我希望有人在身边陪我，否则会感到焦虑。

如果你对陈述 1、3、5、7、9 的回答为"是"，你可能是回避型依恋模式。

如果你对陈述 2、4、6、8、10 的回答为"是"，你可能是焦虑型依恋模式。

如果你对大部分陈述的回答是否定的，你可能属于安全型依恋模式。

知道了自己的依恋模式又如何

现在你已经了解了自己的依恋模式，这意味着什么呢？如果你意识到自己是不安全型依恋模式，请不要担心，这并不是一件坏事——你的依恋模式可以更好地解释你与他人的互动方式，从而使你看清依恋模式如何影响你的人际关系以及你对朋友和伴侣的选择。你可能会发现自己也在按照特定的模式与人交往——前文描述的情况你可能似曾相识。或者，你之前是安全型依恋模式，但由于跟焦虑型或回避型的人在一起，导致自己也产生一些焦虑或回避的行为。

仅仅因为你形成了某种特定的依恋模式，并不意味着你终身要伴随着它。当你意识到这些模式时，你可以选择向安全型依恋模式转变。你也能识别出其他人的依恋模式，并理解他们为什么会有某些行为——然后，根据你愿意在这段关系中花费的时间和精力做出更明智的决定。

治愈不安全型依恋模式的第一步是承认并接纳它。

接下来，学习针对你的依恋模式的应对策略。你可能会发现，你的依恋模式不仅影响了你的恋爱关系，也影响了你与同事、家人和朋友的关系。心理治疗师可以帮助你摸清依恋模式的成因，治愈可能存在的创伤，让你轻装前行。

如果你是安全型依恋模式，可能也需要向心理健康专家咨询学习如何保持健康心态，或帮你分析目前生活中的关系是否引发了焦虑或回避的倾向。

我们将在下一章介绍与心理健康专家合作的注意事项。如果你尚未找到合适的咨询师或你想尝试独立解决问题，那么请继续阅读本章，了解不安全型依恋模式的应对策略。

不安全型依恋模式的应对策略

当你确定了自己的依恋模式后，可以尝试以下建议，向安全型依恋模式转变。

焦虑型依恋模式的应对策略

1. 练习正念冥想，专注于此时此地。

2. 如果你还没有收到伴侣或朋友的回复，认真体会焦虑的感觉，问一问自己到底在担忧什么？

3. 想象一下，如果这段关系结束会是什么样子？结论是：一段时间的不安在所难免，但最终你会好起来。

4. 要意识到别人说的话或做的事代表他们自身，并不是针对你个人的。

5. 意识到某些自我破坏行为，例如，是你主动让对方走开的——从而消解自己"被抛弃的感觉"。

6. 意识到你很可能在事件发生前产生消极的偏见或预期。你笃定刚刚收到的电子邮件将带来坏消息，或者坚信手机上的语音留言会传递噩耗。请学会思维阻断：提醒自己，在打开信息或听完信息之前，你不可能知道信息的内容。

回避型依恋模式的应对策略

1. 允许自己感受情绪，而不是回避情绪。一开始你可能会感到非常不舒服。然而，这种"不舒服"也是人类体验的一部分。

2. 提醒自己，巨大的风险其实伴随着巨大的回报。抓住机会，向伴侣或值得信赖的朋友、家人敞开心扉，讲述你的担忧。在做决定时要考虑他人的感受。

3. 学习与你的伴侣或孩子有更多亲密的肢体接触。

4. 尽量及时回复情绪健康人士的电话和短信。如果对方的沟通或情感诉求是合理的，要意识到自己是否正在逃避。

5. 与其回避沟通，不如从抛出开放式问题开始。开放式问题是指需要使用一个词以上来回答的问题。例如，"你今天做了什么？"是一个开放性的问题，对交谈有促进作用，而"你好吗？"则不那么具有吸引力。

6. 承认别人也可以拥有合理的意见，以及比你更多的信息。

如果你是混乱型依恋的人，上述两组应对策略可能都需要参考。当你和一个情绪不健康的人或虐待你的人在一起时，你的确会向焦虑型或回避型依恋模式发展。重要的是，要先识别相关迹象，然后尝试回到安全型依恋模式中。

不要成为惊弓之鸟

摆脱有毒环境后，你可能会保持警惕，对所有事都高度警觉，时刻关注身边有毒之人的迹象。约会新的对象时，也会担忧不已。

有时，当我们走出舒适区时，会感到尴尬、紧张、难为情。这不一定是件坏事！离开舒适区可以带来个人的成长。在尝试新鲜事物或结交新朋友的过程中，你会不断磨炼技能，这些技能帮助你在遇到类似情况时更自如地应对。了解和掌握新事物有助于建立你的自尊，提高自我效能感，并帮助你进行自我发现。自尊是你如何评价自己作为一个人的价值，而自我效能感是相信你有能力处理不同的情况。[4]自我发现，在某种程度上是对自己的能力有准确的认识，并努力将这些能力付诸行动。[5]

然而，当你觉得自身界限或权利被侵犯时，那会表现出一种在情感上或身体上不安全的感觉。"不安全"跟"不舒服"是有区别的。

出于恐惧或焦虑而做某事与面对真正的问题时保持合理的谨慎也是有区别的。请记住，正如前一章所述，焦虑通常会使你僵在原地，阻止你采取行动。焦虑令你瘫痪——你的肾上腺素飙升，却无法为担忧寻找解决方案。当你在合理范围内保持谨慎时，它会推着你继续行动。你可以想出不同的解决方案，然后决定该采取哪种行动方案。

最基本的要求是：相信自己的直觉。如果有些事情看起来不对劲，很可能就是有问题。与其在感觉不安全的情况下硬撑，不如终止约会或互动，虽然这会给对方留下"无礼"的印象。如果你想事后向她说明自己的感觉，一个通情达理的人会愿意和你交流；如果她不愿再谈，很可能说明你当初离开的决定是正确的。你有权在任何时候离开一个环境而不必感到内疚或羞愧——这体现了健康的边界感。

无法切断联系时，如何设定界限

第 1 章中讲过，在你离开有毒的关系或环境后，尽力避免接触往往是最好的选择。然而，有时你就是无法屏蔽对方，例如，你们要一起照顾孩子、需要在家庭活动中碰面，或者仍然在同一家公司工作。你可以通过建立健康的界限来保护自己。

与有毒的前配偶设定和保持界限

为有毒的前配偶设定界限尤为重要，因为这不仅关系到你的安全和福祉，也能为孩子提供保护。在第 1 章中，我概述了一些你可以采取的措施，例如，使用育儿软件进行沟通、制定共同养育方案等。陪伴孩子长大可能意味着还要与前配偶共处许多年，为了让你更好地走下去，有必要考虑如何维持自己的边界感。

与值得信赖的家庭律师合作

在第 1 章中，我建议你聘请一位经验丰富的婚姻家庭律师，在涉及共同抚养孩子的细节方面保护你的利益。家庭律师是你和孩子法律权利的代言人。好的律师能够为你提供信息，帮助做出对你和孩子最好的决定，同时也让你了解某些限制和潜在弊端，从而确定更合理的行动方案。你与律师见面的频次取决于你的实际情况、与前配偶的对抗性，以及你需要解决的问题数量。第一次与律师见面时，向他们概述你为什么需要他们的支持。提前把自己的疑问写好，并准备好一份文件，写明你和前配偶的姓名、联络方式、地址和出生日期；还要提供相关财务文件，包括你和前配偶的共同账户和独立账户。律师还需要知道：

- 孩子（们）的年龄。
- 是否有需要额外照顾、有特殊需求的孩子。
- 你个人需求的优先级排序，包括陪伴孩子的时间、对方须提供的支持、继续住在现在的房子里、想离开目前生活的州或省等。
- 你们结婚多久了，你们的分居日期（如果有的话）。
- 你期望达成的解决方案，包括你愿意看护孩子的时长。
- 你的财务状况，包括你是否正在支付孩子的大部分费用，以及前配偶是否拒绝在经济上做出贡献。
- 你和前配偶共同拥有的资产，包括车辆、房屋或公司。
- 目前谁住在婚后的房子里，以及你们是否讨论过房子要不要出售。

- 前配偶是否对你或孩子有任何虐待行为，包括骚扰和跟踪。

如果律师需要任何额外的信息，他们也会向你提出。你可以与不同的律师交流，以找出最适合的人选。建议请律师回答下列问题：

- 聘请律师的预付费用和小时费率分别是多少？
- 你曾经处理过多少起像我这样的案件？
- 你希望我通过什么方式联络你，通常需要多久可以答复我的疑问？
- 还有谁会共同参与我的案件？
- 我的案件可能会有什么结果？
- 你能否预判本案可能存在的大的问题？
- 你对像我这样的案件有什么办法？
- 我想要的结果是否合理？

聘请家庭协调员

在美国许多州，家庭协调员是持有执照的心理健康专业人士，在处理高冲突共同养育方面接受过特殊的培训和认证。法官可以为高冲突共同养育案件指定一名家庭协调员，你当然也可以自行聘请。

家庭协调员能够协助你制定切实可行的共同养育方案（在第 1 章和下一小节会有更多介绍）。你也可以向协调员请教各类有关共同抚养的问题。例如，你的孩子很可能从事棒球运动，那么他的比赛费用如何分摊，谁去陪他参加比赛，孩子到外地比赛的行程和后勤如何保障？如果你的孩子有望成为专业球手，谁来支付额外的训练费用？你年迈的父母即将搬来同住，而前配偶可能反对他们跟孩子接触……家庭协调员介入的时长取决于父母双方能否顺畅合作、孩子的数量，以及需要解决的问题的数量。有时，父母双方只需要家庭协调员解决最主要矛盾，但有些人会选择让家庭协调员长期提供支持。

制定详细的养育方案

在第 1 章中，我建议双方达成一份形成共识的详细养育方案。方案越细致，父母中高冲突的一方就越难绕过它冲动行事。对方当然会不断尝试打破界限，但你可以将共同养育方案视为你们之间的"默认"规定，坚守你在陪伴、交接孩子和沟通方面的既定界限。

随着孩子的成长，养育方案可能会有所调整，尤其是当你希望孩子去一所特定的学校，在特定阶段得到良好的治疗，或者孩子到了开车上路的年纪时。例如，孩子们现在 10

岁，但你想让他们未来去某所高中就读；孩子有了戴牙套的需求，费用由谁来承担，如何找到靠谱的正畸医生；谁负责给孩子买车，以及由哪一方支付保险费。建议在养育方案中写明，双方将在这些事件发生时或在孩子达到一定年龄时对方案进行修订。

如果你要搬家、你的工作时间发生了变化，或你想增加与孩子相处的时间，你也可以与律师联系，申请调整养育方案。例如，你的上一份工作要求你每个月出差 15 天，但现在你在当地工作，你希望多给孩子一些陪伴；你可能会搬到离孩子学校更近的地方，并希望能多做一些接送工作；你换了工作，收入明显下降，想要跟律师商量修改子女抚养费等。

避免让孩子牵涉其中

如果孩子能躲过父母间的任何冲突，那就太好了——然而，有毒的前配偶可能会把孩子卷入你们的争端中。你甚至会发现，你跟孩子的关系有些疏远。这意味着对方试图在你和孩子之间制造隔阂，许多人认为家长的这种行为对儿童构成虐待。[6]有毒之人常用的"离间计"包括：

- 让孩子直呼你的名字，但称呼她（他）为"妈妈"或"爸爸"。

- 让孩子有机会看到有关离婚或养育方案的文件。

- 当着孩子的面贬低你。

- 对孩子说，由于你的问题，家里没钱了。

- 毫无根据地指责你的虐待行为。

- 教导孩子发表不利于你的言论。

- 阻止你在原定时间段与孩子相处。

- 向孩子谈及离婚或分居的原因，跟孩子说你有外遇。

- 威胁说如果孩子对你顺从，就再也不爱他、不理他了。

千万不要沦落到用同样的方式报复对方。也许你觉得这么做既简单又粗暴，但这可能恰好是对方乐意看到的。一旦你的所说所做被对方利用，或被呈现给法官，情况会变得更复杂。如果在你们的争端中，孩子也不幸牵扯其中，保留相关证据，向律师寻求建议。

心理咨询师可以帮孩子走出内心煎熬。例如，游戏治疗师使用游戏疗法帮助孩子表达他们的感受，因为有些时候语言表达对孩子乃至成年人都是一种挑战。养育方案中有写明孩子有权接受心理咨询的条款吗？心理治疗或许需要得到另一方家长的批准，或者双方需要在心理咨询师的选择上达成共识。

在工作场所建立界限

美国联邦和各州法律对工作场所的界限进行了规定，例如，你有不被歧视或骚扰的权利。然而，还有许多其他行为会让你的边界感受到挑战。

你可能会在工作场所看到做出以下行为的有毒之人：

- 破坏你的工作，故意给你错误的指示或抢走你的功劳。
- 拒绝为自己的行为负责。
- 缺乏同情心，不在意自身行为对他人的影响。
- 解决问题时缺乏灵活性。
- 将一个人或几个人作为目标进行欺凌或骚扰。
- 无法控制愤怒的情绪。
- 对人、过程或结果从不满意。

如果你觉得有人对你做出有毒行为，首先，看这个人是出于无知还是出于恶意。就算对方是无意为之，不以伤害你为目的，这仍然属于越界行为。当对方是出于恶意时，他的目的就是要伤害你。你可能需要针对具体情况采取不同的措施。在工作中保持健康的界限可能很困难，特别是在你觉得会遭遇报复，或者可能会有其他后果时。然而，为了你自己的幸福，你必须冷静、专业地站出来维护自己的权益。

- 向当事人清楚、冷静地说明你的界限。
- 对遇到的问题做好书面记录，包括日期、时间和对方说的话。
- 查看公司有关职场霸凌和骚扰的规定。
- 向专业律师咨询。

最难的是看清哪些问题可以解决，哪些问题将持续下去——而你需要辞职。在纸上写出这份工作的利弊因素可能会有助于你做出决策。你有多大能力来改变你的环境？你在工作中形成的健康关系是否多于有毒的关系？如果你选择离开，职业生涯是否仍会受到损害？

有些同事或老板已经"无可救药"，我们很难改变他们的行为。除了辞职，还可以考虑调换到其他部门或楼层。公司也可能允许混合办公模式，让你一周内有一部分时间在家工作。把解决方案尽可能多列一些，认清自己希望得到的结果。想要工作环境毫无压力是不可能的，但是对新的工作抱有期待倒是值得努力的目标。

如果你的生活质量严重受损，以至失眠、节食或暴饮暴食，甚至出现焦虑和抑郁，面对在意的人也会情绪失控，害怕早上醒来，或已经有了自杀倾向，那就是时候离开这家公司了。

与家人和朋友建立界限

如果你和某个有毒之人拥有共同好友，即使你选择切断联络，想要坚守界限也会很难。在某些社交场合或节假日，你们很可能还会偶遇。

如果对方越过了你的底线，要严肃、冷静地重申你的界限。最好是在没有太多人围观的情况下进行，除非你觉得自己需要其他证人。你没有义务解释这个界限存在的原因——你有权建立你想要的任何界限。如果对方无视你的要求或试图说服你，将自己切换到"单曲循环"模式，反复重申你的界限。如果你的界限依旧没有得到尊重，那么应转身离开。

你可能会在家庭聚会上遇到有毒的家人，考虑缩短自己出现的时间，并请一位健康的朋友或家人为你充当"缓冲"。如果对方试图接近你，你的缓冲区可以分散她的注意力。

如果有毒之人的朋友给你发消息（见第 2 章"警惕和事佬的干扰"小节），要设定明确的界限——禁止谈论有毒之人。如果这位朋友坚持帮忙传话或提起有毒之人，那么可以冷静地对他说："我说过，这个话题免谈。"然后走开。

界限在任何关系中都是很重要的，不只针对有毒的关系。当你评估自己的界限时，想一下自己的需求是否在其他

健康的人际关系中得以满足。例如，你跟对方的友谊一向进
展顺利，但最近的相处令你感到吃力，那便可以跟对方聊一
聊。虽然说出自己的困扰会显得有些尴尬，但这能为你们的
关系带来新气象。

　　界限是你对自身行为和他人与你互动时的行为所订立的
准则或限制。在本章，你了解了建立和保持健康界限的重要
性——无论是在恋爱关系中，还是在工作场所，或是在与家
人和朋友的相处中。记住，你有权拥有界限，而且没有义务
向任何人解释这些界限。如果你在建立或维护健康的界限方
面有困难，心理健康专家可以帮到你，我们将在下一章讨论
如何向他们求助。

第6章

向专业人士求助

如何找到适合自己的心理咨询师

　　莎伦一度无比纠结。她和丈夫加里已经结婚十年了。彼时，她的儿子瑞安也上了高中。瑞安的生父不怎么参与他的生活，而继父加里却对他关爱有加——大多数时候，他们相处得很好。但有些时候，瑞安会对加里咆哮，而且经常在周末的聚会上狂饮不止。瑞安 18 岁生日那天，他对继父大发雷霆，然后夺门而出。

　　瑞安爆发后，莎伦总是感到内疚，把儿子的坏脾气归咎在自己身上。她恳求加里给他一些时间来适应。

　　"已经三年了。"加里回应道。他觉得莎伦一再的容忍是在助长瑞安的行为。

　　瑞安在上大学时搬了出去。慢慢地，他的冲动和暴怒似乎已经成为历史。虽然酗酒给瑞安惹了不少麻烦，但他最近都在积极投入治疗。莎伦和加里对未来充满希望，他们制订了旅行计划，一边为退休储蓄，一边期待着一家人共度美妙假期。但后来瑞安被解雇了，他给母亲打电话说想搬回家住。

一周后，瑞安搬了回来。莎伦怕加里难过，并没有提前跟他说。当然，当加里意识到瑞安打算常住时，他的确很生气。他不敢相信莎伦连这件事都要隐瞒，不肯跟他商量。

二人最终同意让儿子在求职期间暂住，上限是六个月，作为食宿的交换，瑞安要帮助做家务并且不准饮酒。但一年过去了，瑞安依旧没有搬出去，工作也没有落实。莎伦和加里一直在为瑞安不做家务、不努力找工作而争吵。瑞安有几次喝醉了回家——幸亏没被加里撞见，莎伦觉得还是不要告诉丈夫为好。

当瑞安要求借 5000 美元时，加里终于忍不下去了。此前他们已经从退休储蓄金中拿钱出来弥补家庭开销。"是时候让他搬出去了，"加里说，"他需要自力更生！"

莎伦陷入两难。"我不知道该怎么做，"她含泪向她的朋友蒂娜倾诉，"我觉得自己亏欠瑞安太多了，我离了婚，前夫又不管他，我真希望尽量照顾好他。但是加里好像也忍到极限了。"

蒂娜同情莎伦的经历，说："你有没有想过找人聊聊？一些专业人士，比如心理治疗师？"

莎伦很惊讶，问道："你什么意思？我又没疯！"

"不是说疯了才接受治疗，"蒂娜说，"每个人都偶尔需要倾诉。我去年就是如此。"莎伦不清楚朋友去年的遭遇，但蒂娜告诉她，"我把我的心理咨询师介绍给你吧，你当然也可以找别人。但我真心认为与心理咨询师交谈会有帮助。"

我反复在书中提到，向心理咨询师等专业人士寻求帮助是心灵疗愈的重要基本步骤。现在是时候详细探讨这一步骤了。

你可能正在和心理健康专家合作，或在过去进行过心理咨询。如果条件允许，与一位专门帮助人们走出自恋性虐待、家庭暴力，并对人际关系问题有经验的心理健康专家交谈，可能对你很有帮助（你一定会有所收获！）。在本章，你将进一步了解心理健康专家这一群体，学会选择适合你的心理咨询师，并知晓他们可以提供的咨询类型。

我希望你能找到一位与你配合默契的心理咨询师，并与其展开富有成效的交流。同时，在本章的最后，我还将向你说明如何逐步减少咨询的频率。但是，在讨论这些问题之前，还有一个心结需要打开。

你内心的伤痛是真实的

你是否还在犹豫要不要迈出这一步，不知道是否要向心理健康专家求助？如果你已经与心理咨询师见面，是否又在犹豫不决，不敢将自己遭遇的有毒关系全盘托出？

许多人都抱有上述心态。有时人们会觉得自身所经历的事情没有"其他人"那么糟糕。旁观者也会直接或间接地告诉受害者，不必在事件发生后感到难过，因为"其他人的情况更糟""你是自作自受"。有毒之人更加希望你停止抱怨——他们试图操纵你不去认可自己的遭遇，甚至阻止你寻求帮助。如果你就此沉默，有毒之人的丑陋面目就能免遭曝光。这正是有毒之人愿意看到的，他们极度在意自己光辉的公众形象。

每个人的痛苦和创伤都是真实的。你可能觉得其他人经历过更严重的痛苦，他们的痛苦更"值得"被治疗。产生这种想法也能说明你曾经遭遇过有毒之人的虐待。他们的惯用伎俩是让你觉得自己"低人一等"，或者你没有什么可抱怨的。

你可能被告知，你应该"感激你拥有的一切"，而不是转向心理咨询师来共同解决你遇到的问题。无论生活中有多少"好事"发生，你都有权表达自己的感受。

治疗或咨询的过程一开始可能很尴尬或很不舒服。人们会在电视或电影中看到戏剧化的心理咨询过程，然后就非常担心在现实中被心理治疗师"看穿"。你不太确定治疗过程中会发生什么，或者你像莎伦一样，觉得只有"疯子"需要接受治疗。而事实是，心理咨询是一个正常的过程，在这个过程中，你会向一个受过训练的专业人员说出自己的想法。我们都可以面对一个中立的人，来谈论我们所经历的事情、我们正在做什么、我们要去哪里，以及我们想去哪里。不妨把治疗想成是与人喝咖啡，而对方恰好在理解人类行为方面颇为擅长。心理治疗的好处是，你可以自行决定参加的频率和次数。你甚至可以尝试几次之后就再也不做了，这也没关系（如果第一次的经历不太成功，我确实希望你能再试一次）。

> "当听到别人吐露痛苦时，总会有人忍不住说风凉话，把它们一律视为微不足道的烦心事或所谓的'第一世界问题'。每个人都有自己的问题要处理，甲的痛苦和乙的痛苦一样真实——只是痛苦的种类不同而已。"
>
> ——努尔，35 岁

哪些人是心理健康专家

心理健康专家，包括但不限于心理学家、心理咨询师、社会工作者等专业人士，他们都受过训练，可以帮助你缓解悲伤、重建生活。在本章，我将交替使用上述专业头衔。一位称职的心理治疗师会理性看待你遭遇的挑战，重视你的需求，因为对你来说这些遭遇都是独一无二的。在这段有毒的关系中，你已经承受了太多。你可能觉得尽管身边的人愿意支持你，但他们很难真正理解你正在经历的一切，也就无法提供你所急需的客观支持。心理健康专家是中立的第三方，可以帮助你看清有哪些选择，特别是你刚刚分手大脑一片空白时。他们可以帮助你建立健康的界限，并教会你维护这些界限，特别是你处在有毒之人身边时。心理治疗师可以为你的遭遇正名，向你传授自我安慰的策略。更重要的是，他们可以在你使用本书实现自我疗愈的过程中为你提供支持。这就是我强烈建议你根据自身境遇寻求心理健康专家帮助的原因。

心理健康专家包括：

- 精神科医生。
- 精神科护士。

- 心理学家。

- 有执照的精神健康顾问（LMHC）/有执照的专业顾问（LPC）。

- 社会工作者。

- 婚姻与家庭心理治疗师。

所有这些心理健康专家都可能会帮到你；他们只是在培训和经验年限上有所不同。精神科医生、精神科护士可以开药，在美国一些州，心理学家也可以开药。心理学家、精神健康顾问、社会工作者、婚姻与家庭心理治疗师可以提供治疗服务，有一些还提供测试和评估服务。虽然心理学家、精神健康顾问和社会工作者能够为个人、夫妻和家庭提供心理咨询，但是婚姻与家庭心理治疗师在与夫妻、家庭合作方面接受过特殊培训（他们也提供个体治疗）。如果你们是以夫妻身份共同接受治疗，那么建议你找一位婚姻与家庭心理治疗师。而且，正如前文提到的，有毒的伴侣也可能试图操纵心理治疗师。许多治疗师不会为客户同时进行个人和夫妻治疗，除非夫妻二人共同的咨询已经停止了。

找到一个适合你的心理健康专家非常重要。你可能需要先与几个心理治疗师见面，再做选择。有时我们会与人"一拍即合"，而有时则不然——在寻找心理咨询师时也不例外。

可以从你信赖的朋友、家人那里获得推荐。或者，上网搜索一下你所在地区专门处理自恋性虐待和家庭暴力的治疗师。

"我的咨询师对我进行谈话治疗，我的精神科医生为我的焦虑症提供药物治疗。他们是我的'心理健康护卫队'。"

——杰玛，35 岁

快速核查表：你的心理治疗师适合你吗?

当你第一次与心理治疗师通话或是完成第一次治疗后，阅读以下陈述，回答"是"或"否"。

1. 我觉得我可以自由地与心理治疗师交谈，不会担心被评判。

2. 我觉得与心理治疗师交谈很舒服。

3. 心理治疗师看起来很亲切、很友好。

4. 我觉得这个心理治疗师能够听我诉说。

5. 心理治疗师能回答我的问题，或对暂时无法回答的问题坦诚相告。

6. 心理治疗师是一位有执照的心理健康专家，当我问及转诊或她的执照和证书细节时，他会做出恰当回应。

7. 心理治疗师有为虐待受害者服务的经验。

8. 心理治疗师能在 24 小时内对邮件和电话做出回应。

9. 心理治疗师和我有相似的幽默感。

10. 心理治疗师在初次会面时就向我介绍保密制度和我在咨询中的权利。

11. 心理治疗师对我的文化背景、性别认同、性取向、宗教信仰和世界观等方面的具体需求非常了解和敏感。

12. 心理治疗师以健康、鼓励的方式向我提出"质疑"或"挑战"。

你同意的陈述越多，你们之间就越合适。如果你发现自己的感受与上述文字不符，请联系新的心理治疗师，继续寻找合适的人选。如果你已经开始与该心理治疗师合作，并逐渐意识到效果并不理想，请参阅后文"停止治疗"的部分（见第 161 页）。

教练能为你做什么

你可能看到有人在广告或社交媒体上声称他们是"人际关系教练"或"生活教练"。请注意，这类教练在美国任何一个州都不必持有执照或可能不受监管。虽然一些心理健康专家也在担任教练，但并非所有教练都是心理健康专家。因此，要确保为你提供服务的人是有执照的心理健康专家。

有执照的专业人员至少要经过两年严格的研究生培训，加上许多小时的实践和实习，毕业后还需要完成规定时长的临床实践。有执照的心理健康专家不仅要遵守美国州和联邦法律，还受到一整套道德准则的约束。他们要对多个审查机构负责。例如，有执照的心理健康专业人员（在美国一些州被称为有执照的专业咨询师）需要遵守所在州的法律和法规、国家认证咨询师委员会的职业道德准则和要求，以及美国心理健康咨询师协会和美国咨询协会的职业道德准则。许多心理健康专家还接受了特定治疗方法的额外培训，甚至取得了行业最高地位——被认证为某个领域的专家医师，这需要大量的临床实践和领域内的实质性贡献。务必要求查看心理健康专家的执照和证书，你也可以上网查询有关信息。美国许多州都要求心理健康专家在办公室展示其执照。如果对方在这方面犹豫迟疑，那么他可能就不是你的合适人选。有资质的心理健康专家会很乐意提供执照、证书等有关证明。

> "我要求一位教练出示她的证书或执照，她说不需要给我看任何东西。好的，下一个！"
>
> ——简，22 岁

治疗的类型

心理治疗可以有不同的形式——个体、夫妻、家庭或团体形式。

个体治疗（有时称为谈话治疗或心理治疗）采取一对一形式。在生活中遇到挑战时，它能为你提供支持，帮你获得成长。

在夫妻治疗中，你和伴侣一起与同一位心理治疗师合作。他可能是持有执照的婚姻与家庭心理治疗师，或是接受过夫妻问题培训的心理健康专家。心理治疗师帮助夫妻解决冲突，并深入了解他们的关系状况。

家庭治疗通常是短期的。它为家庭成员营造一个安全的空间来讨论问题。所有家庭成员都可以参与，也可自主选择是否参加。心理治疗师将帮助家庭成员加深联系，建立良好的家庭环境和气氛。

团体治疗可能需要一名心理咨询师带领 5 至 15 人完成。通常是为了让人们一起处理某个特定的共同问题，如调适失落、克服药物滥用、管理慢性疼痛等。与陌生人分享自己的挣扎，一开始会感觉很恐怖，但这个小组能形成一种支持的氛围，让你收获建议、为自己的行为负责。

在认识了这些不同类型的治疗后，莎伦觉得个体治疗可能是她最好的选择，并进行了预约。起初，她还不太适应把所有一切都告诉心理治疗师安。但在后续几次治疗中，莎伦变得更加主动，也开始询问安的建议。

"我不能替你做决定，但我绝对可以帮助你探索所有的选项。再详细讲讲瑞安的情况吧。"安说。

莎伦深吸了一口气，分享了整个故事的来龙去脉。她讲完后，安径直说道："所以你的儿子在你家多住了半年，他没有戒酒，在家里不帮忙，在外面不找工作，对加里不尊重，现在还问你要一大笔钱，而你已经用退休储蓄垫付了他的一些生活费用。"听完心理治疗师的总结，莎伦心中有了打算。

回到家，她把加里和瑞安叫到跟前。她告诉瑞安，他需要在两周内找到另一个住处，而且将不再为他的生活买单，他也不许再喝酒了。莎伦本以为儿子又会发怒。相反，瑞安平静地说："好吧。"然后走开了。一周后，他就搬了出去。

从那以后，莎伦向安的咨询内容发生了改变。她不再需要解决跟儿子瑞安交流的问题，但她发现自己有大量与离婚有关的痛苦和内疚需要释放。莎伦和加里也开始接受夫妻治疗，修复那些瑞安搬回家后浮现的问题。莎伦觉得她对自己有了更多的了解，能够在未来更好地与家人相处。

治疗的理论取向

心理治疗师接受过不同类型的培训，也就会采用不同的"理论取向"或透过不同的"镜片"来看待客户的问题。四种常见的取向是认知行为疗法（CBT）、辩证行为疗法（DBT）、焦点解决疗法（SFBT）和接纳承诺疗法（ACT）。大多数治疗师会采取"折中"的风格，即对不同的疗法进行结合。

如果你以前参加过治疗，并发现某个特定的取向对你很有效，那么继续与实行同样咨询技术的心理治疗师合作会更好。如果效果不好，建议你尝试与使用不同方法的心理健康专家合作。

认知行为疗法

希腊哲学家伊壁鸠鲁写道："人们不是被事物干扰，而是被他们对事物的看法所干扰"。关于你的思考方式和它对你周围世界的影响，认知行为疗法提供了三个核心观念。首先，让你感到不安或愤怒的不是某个事件本身，而是你对它的看法或态度，这才是关键。第二，你可以意识到并改变你的"内心对话"。第三，思考方式和内心对话的改变可以改变你看待事物的方式，并最终改变你的行为。

在认知行为疗法中，心理治疗师可能会与你探讨"认知歪曲"等对你不利的思考方式。有时候，我们的内心对话对我们不是很友好，它会告诉我们一些不真实的信息。常见的认知歪曲包括：

夸大与缩小。夸大有点像"小题大做"，你把实际上相对较小的事情搞得很大。例如，你认为自己会因为没找到车钥匙导致上班迟到而被解雇。缩小则正好相反，你可能会把一件事情的重要性无限缩小。例如，许多人对成瘾行为的看法，他们会对自己和周围的人说，前一天晚上喝醉了"没什么大不了的"。

过度概化。将针对某个一次性事件的想法应用到未来所有事件上，过度概化就会发生。例如，朋友说她今天不能陪你吃饭，你的内心对话却告诉你："我没有朋友。"

个体化。当你把事件或其他人的行为都归结到自己身上时，个体化就会发生。在生活中，很少有事情是专门针对你的，即便它表面上看起来非常像是在针对你。别人如何对待你是他们的事，不是你的事。个体化的典型情况是，一位朋友在电话里怒气冲冲，然后你很想知道自己做了什么惹他生气。实际上，他只是今天不开心而已。

> "通过认知行为疗法，我意识到人们对我所做的和所说的并不是人身攻击，他们的行为更多是在说明他们是谁，与我无关。"
>
> ——贾马尔，28 岁

辩证行为疗法

辩证行为疗法由认知行为疗法发展而来，其目标包括提高一个人的压力容忍度，控制情绪，并在接受和改变之间找到一个平衡。辩证行为疗法认为，拥有对立的情绪是非常正常的——你可以同时对一个有毒之人感到愤怒和依恋。这可能会让许多人感到困惑，因为他们被教导：人一次只能感受一种情绪。

在辩证行为疗法中，你可以借助缩略语 ACCEPT 来更好地应对生活中的压力源。

A= 活动（Activities）——积极行动起来，做一些简单的工作，转移自己对不愉快事件的注意力。

C = 贡献（Contribute）——帮助他人，将你的注意力放在自我之外。有关"利他行为"的治愈力量，请见第 10 章。

C = 比较（Comparisons）——看一看你的生活与那些比你拥有更少的人的生活有哪些不同。这也是将注意力放在自我之外的一种做法。写一篇感恩日记，记录你所感激的一切和当下进展顺利的事情，更多地看到生活中正面的部分，而不是专注于令人不安的部分。

E = 情绪（Emotions）——做与当前情绪相反的动作。如果你感到疲惫，就去运动。如果你感到悲伤，就看一部有趣的电影。这会让你意识到，情绪是暂时的，而你有能力改变它们。

P= 推开（Push away）——想象自己有能力应对挑战、有能力左右自己的生活，从而使负面情绪保持可控。

T = 思考（Thoughts）——关注你思考方式的逻辑性。情绪并不代表事实。你所处的境遇中哪些是真实的，哪些只是猜测？请关注已经真实发生的事情，而不是你以为发生了的事情。

焦点解决疗法

在焦点解决疗法中，心理治疗师可能会问你现在有哪些事进展顺利，或者什么时候你会感觉压力、焦虑或抑郁有所减少？你可能还会被问道："如果一切顺利的话，情况将会如何？"在焦点解决疗法中，这些被称为"神奇的问题"，它们将为你的治疗确立目标并为你带来希望。基于你的回答，心理治疗师帮助你发现你所拥有的资源、优势和方法，引导你用自身能量来治愈自己。处在有毒的关系中时，你可能会觉得自己无法做对任何事，或者永远不会拥有健康的关系。但通过焦点解决疗法，你会意识到自身的强大和能力，而且你过去本就拥有过健康的人际关系。

焦点解决疗法的一个关键概念是，当你在生活中只改变一件事，就会产生一连串的积极效益。例如，面对生活的重压，你是典型的起床困难户，因为你不知道自己该如何面对新的一天。你可能会在床上躺一两个小时才勉强爬起来，还是因为你要上厕所。但心理治疗师可能会告诉你，一旦你醒了，就坐起来。其他什么动作都不需要——只要坐起来就好。每天早上的第一件事是成功坐起来，然后起床也跟着变得更容易了。

"我真的很感激治疗师问我生活中哪些事情是顺利的。以前好像从没有人这样问过我。"

——莱斯尔，45 岁

接纳承诺疗法

接纳承诺疗法的重点是体验你的感受，而不是忽视它们或找机会转移注意力。逃避不愉快的情绪是正常行为，然而，当你不去处理它们时，它们会再次出现，甚至以更强烈的方式出现。在接纳承诺疗法中，你观察自身的感觉，接纳它们，然后再跟它们解绑。你还将充分发掘你的核心价值观，并学习如何以这些价值观来充实地生活。接纳承诺疗法同时侧重于正念，即停留在当下的能力。（我们将在第 7 章再次讨论正念的概念）。

接纳承诺疗法的一个核心原则是通过"认知解离",减少你和你的思想之间的情感联系。认知解离告诉你,你的想法并不改变你是谁,你也不必相信它们。你可以接受一个想法,并同时将其视为不真实的。例如,你先识别出了一个消极的想法——生而为人,我没有任何价值。当你为它贴上"消极想法"的标签时,这个念头就失去了它的情感力量。你也可以用一种搞怪的声音重复消极的想法,让自己在情感上与它们保持距离。你还可以试着把消极的想法"外部化",对自己说:"哦,那只是大脑想要阻止我而使用的'小把戏'。"你的情绪和你的想法之间的距离越大,接纳度就越高,治愈自己的空间就越大。

我希望上面的介绍能够引起你的兴趣,并为你提供一个起点,帮你找到适合自己的心理治疗师。当然,治疗的方法和技术远不止这些。

支付咨询费用

一旦你找到了希望合作的心理治疗师,下一个问题就是该如何支付治疗费用。诚然,治疗可能会耗资巨大。但不要让它成为寻求帮助的障碍!付费方式可能比你想象的要多,除了自费还可使用保险来支付治疗费用。此外,心理治疗师可能按照浮动费率进行计费，或者你有资格申请以较低的费用获得治疗。如果你有经济上的困难，可以多探索一些选择。

用健康保险支付

我们先说保险。如果你有医疗保险，请查看其承保的医疗服务项目是否包含心理治疗，并了解具体的报销范围。你也可以给保险公司打电话咨询。请确保从保险公司那里得到相关的书面确认，因为电话沟通过程中的口头承诺很可能不作数。你还需要询问心理治疗师是否接受你用特定的保险类型支付。

即使医保允许报销，通常也只能覆盖部分治疗费用。搞清楚你的保险能涵盖多少次治疗，报销比例是多少，以及你的自费比例是多少。还要了解报销的起付线，因为你可能要达到一个特定的门槛，保险才开始支付你的治疗费用。

在美国，如果你向保险公司提出申请，相关信息会被录入一个名为医疗信息局（MIB）的数据库中。医疗信息局的存在是为了打击保险欺诈。不过，你的医保索赔历史还是会影响你未来获得人寿保险、伤残保险和其他长期医疗保险的机会。你可以在 MIB 的网站上申请一份你的档案副本。查看其内容，确保所有信息是正确的。如果不正确，你的医生（或医疗机构）可以向 MIB 提出更正。如果由于系统编码错误导致信息有偏差，那这很可能影响你将来获得保险的机会。

大学内的咨询服务

许多大学向学生提供个体和团体心理咨询，且不收取额外费用。也就是说，这些咨询服务已包括在你的学费中。学校的心理咨询师可以免费提供咨询服务。你在咨询过程中的内容都是保密的，这些信息不会与教职员工、你的父母（除非你未满 18 岁）或其他任何人分享，除非你签署过信息披露书。不过，如果你有自杀或杀人倾向——心理健康专家可能有法律和道德义务要求你入院治疗，但他们通常会先询问你是否自愿住院。你在学校的心理咨询记录不是你的学术或行政记录的一部分。在咨询伊始，你会得到一份同意书，其中详细说明了你作为学生使用校内咨询服务的权利。

用员工帮助计划或健康补偿账户付款

你也可以通过雇主的员工帮助计划（EAP）免费获得心理援助服务，该计划涵盖了你和你的家人。员工帮助计划在大型企业中特别常见，也有许多小型公司将其作为员工福利。员工帮助计划甚至会为你编制一份推荐的心理健康专家名单。

你的公司也可能为你提供健康补偿账户（HSA）或灵活

支出账户（FSA）。许多心理健康服务，包括某些形式的在线治疗，都可以从上述账户中支付。

根据你的收入来支付

如果你没有健康保险，可以考虑去找提供免费治疗或按"浮动费率"计价的心理治疗师。浮动费率是根据你的收入或支付能力而定的，治疗师或许会要求你提供近期的工资存根，以了解你符合哪一级的付款条件。

免费的咨询服务

在美国，如果你当过兵或正在服役、有直系亲属在军队、经历过自然灾害，或成为枪支暴力的受害者，在这些情况下，你可能有资格获得免费的咨询服务。

> "有一家机构专门为受到过枪支暴力影响的人提供免费心理疏导。如果不是这样，我不知自己能否承担得起咨询费用。"
>
> ——布雷迪，32 岁

保密性

心理治疗师要遵守很高的道德标准，其中之一就为客户保密。这意味着你对心理治疗师说的话只限于你们之间，只有少数的例外。这些例外情况包括：

- 他被法官传唤出庭作证或出示你的档案。
- 你有自杀倾向或杀人倾向。
- 你已经签署了信息披露书，允许心理治疗师跟某个特定的人交流。

保密意味着在未经你书面同意的情况下，如果你的前任或其他家庭成员与心理治疗师联系，心理治疗师不能与对方交谈。他甚至不可以承认你是他的客户。

一些有毒之人会主动联系你的心理健康专家，所以建议你不要告诉他们你正在参加治疗，也不要提到心理治疗师的姓名。他们很可能利用相关信息采取对你不利的行为。第一次参加治疗时，可以告诉心理治疗师你很担心某人会来打探消息，以便你们共同做好应对。

> "母亲给我的心理治疗师留下了一封长长的信。心理治疗师把这件事告诉了我，还说她根本没有回应我的母亲，因为没有我的书面同意——即使我的母亲拿到了披露声明，治疗师也会先向我了解情况。然后我们谈到，母亲这么做更加证明了她一直在侵犯我的界限。"
>
> ——里克，58 岁

疗效取决于你的全身心投入

至此，你已经找到了一位心理治疗师，并想好了如何承担咨询费用。接下来的事就容易多了，对吗？

如果你以前没有尝试过心理治疗，我想坦率地告诉你，心理治疗是一项艰苦的工作。咨询结束时你会感到疲惫不堪，甚至会怀疑这一切是否值得。谈论你的个人问题和噩梦般的有毒关系是很有挑战的。但请记住，就算你和心理治疗师能默契配合，甚至偶尔分享幽默感，治疗本身并不应该是有趣的。你所付出的努力通常与你的收获成正比。治疗过程中当然会有轻松的时刻，但总的来说，你可能会觉得一个小时的访谈跟一个小时的工作没什么两样。其中几次咨询会让你觉得相谈甚欢，出现的问题也似乎更少。这是完全正常的，因为每次咨询的目标不同，讨论内容的严肃性也不一样。

当然，如果你在某次治疗后对自己的感受有疑虑，下次咨询时可以提出。心理治疗师需要回答有关治疗过程的问题。如果你对得到的答案不满意，可以考虑终止合作，寻找新的心理健康专家为你提供服务。

> "有几次治疗之后，我觉得我需要小睡一下。心理治疗师说这是正常的，他提醒我，每次咨询前一段时间

都应该照顾好自己，做好自我关怀。"

——萨姆，38 岁

日记素材——你希望在治疗中解决什么问题?

在接受治疗时，建议你把想谈的问题写成一段话或列成清单。将你希望在生活中看到的改进也写出来，即便那看起来希望渺茫也没关系。心理治疗就是给你提供机会，谈论你想谈论的事情（第一次的受理面谈或许可以除外，心理治疗师需要了解你的情况，所以会在面谈中占主导地位）。在治疗中大声把想法说出来有助于激活新的解决方案。如果你尝试过自己解决这些问题，也要写下你用过的方法，并备注说明它们使情况变得更好还是更糟。带着这份清单去见心理治疗师，如果是远程咨询，心理治疗师可能有专门的网站，允许你上传这份清单。

儿童与心理治疗

如果你的孩子也需要面对有毒关系带来的后果，可以考虑为他们预约心理咨询。许多心理健康专家专门从事儿童和青少年的心理治疗。

停止治疗

治疗是完全自愿的。你可以在任何时候决定不再接受治疗——甚至不需要任何理由。有时人们只是与他们的心理治疗师合不来。还有时候，他们觉得自己的问题得到了充分的解决，不再需要额外的帮助。基洛哈便是如此。

基洛哈开始接受治疗时，她意识到自己的愤怒已经失去控制，这也间接导致了两段恋爱接连失败。最初几个月，她每周都去接受治疗，最近一个月变成每两周一次。在治疗中，她发现了自己愤怒的根源：她不仅忍受了父亲的虐待，还对家乡的原住民不断被边缘化感到无能为力。心理治疗师帮助她认识到愤怒对人际关系的影响，二人又讨论了基洛哈如何积极倡导保护本土文化。治疗很有成效，基洛哈发现她能够识别自己愤怒的苗头，然后会以更健康的方式来表达想法。每次治疗中可谈论的话题越来越少。她和心理治疗师回顾了最初的治疗目标，基洛哈似乎已经能够妥善应对生活中的复杂情况了，不再需要心理健康专家的帮助。她们一致认为是时候结束治疗了。而且，心理治疗师告诉她，如果她将来需要任何帮助，她一直都在。

所有心理治疗师都曾面对客户在某个时刻停止咨询和治疗。哪怕是客户自己提出的，他们对此习以为常，你不需要担心伤害他们的感情或让他们从此失业——许多心理治疗师都有长长的预约名单。

如果你对自己的心理治疗师有疑虑或问题，请与他谈一谈。好的心理健康专家总是愿意了解来访者的真实想法。如果你想尝试其他心理治疗师，或对治疗有任何问题，请直接告诉他们。心理治疗师是很好的倾听者，但他们不懂"读心术"——当你有顾虑时，你需要让他们知道。

如何向心理治疗师提出希望停止治疗呢？可以试试下列措辞：

- "我想我不需要再来了。"
- "我不确定自己从治疗中得到了我需要的东西。"
- "我觉得我们不合拍。"
- "我想我现在可以更好地处理事情了。"
- "我想我需要换一个专门研究＿＿＿＿（疗法）的治疗师。"
- "我已经在这里把一切都尝试过了。"
- "我现在已经很好了，不需要再来了。"

好的心理治疗师总会以善良和专业的态度回应你。绝大多数情况下，心理治疗师会感谢你直接说出自己的感受。心理治疗师们支持自主——客户有行使自己选择的自由，包括停止治疗。治疗的目的是让你相信自己可以独立处理生活中的复杂问题。如果将来有需要，你可以随时向心理治疗师提出复诊。

如果心理治疗师做出了不专业的回应，这恰好说明结束治疗是正确的选择。需要注意的情况是，你是否迫于另一个人的压力而结束治疗。

在治疗期间，心理治疗师可能会推荐另一位心理健康专家为你治疗。例如，将你转介给精神科医生进行药物治疗评估；或直接将你转给另一位心理治疗师。他可能觉得另一位心理健康专家更有能力帮助你。这些做法依旧不是针对个人的——心理健康专家的道德准则规定，如果有人能更好地为你提供相关服务，心理治疗师必须将你转介。

快速核查表：是时候结束治疗了吗？

你可能正在考虑结束心理治疗。为衡量你是否准备就绪，请阅读下面的列表，找出你认同的陈述：

1. 我觉得我已经进入平稳状态。虽然还要付出努力，但进展不会太明显。

2. 没有心理治疗师的帮助，我现在也能在生活中游刃有余。

3. 我觉得我已经实现了治疗的目标。

4. 我觉得我和心理治疗师可能有性格上的冲突。

5. 我认为另一位心理治疗师可能在帮助曾经处于有毒关系中的人方面更有经验。

6. 我从根本上不同意我的心理治疗师的一些观点。

7. 心理治疗师习惯性迟到，甚至有一次直接没有出现。

8. 我认为心理治疗师和我相处得不融洽。

9. 心理治疗师违反了我的一个或多个界限。

如果你认同这些陈述中的任何一项，那可能是时候结束你们的治疗关系了。如果心理治疗师侵犯了你的界限，请阅读下一节，了解应对方式。

日记素材——你在治疗中学到了什么？

如果你正在考虑结束治疗或停止咨询，有必要回顾一下你从访谈中学到的一切。由于接受了治疗，你的生活发生了哪些变化？你自身有什么变化？你是否觉得自己能更好地处理生活中的复杂问题？写下你的各种收获，包括意料之外的收获，例如，你发现自己跟伴侣的关系得到了改善。

应对心理治疗师的越界行为

如果心理治疗师做出了不当举动，首先，正如我前面所说，你可以跟他们讨论你的感受。如果问题没有得到满意解决，你可以向该心理治疗师的发证机关或认证委员会报告。委员会可能会与你联系，要求你提供更多信息。同时，请停止与该心理治疗师的访谈。

然而，如果你觉得与心理治疗师沟通这一问题会严重威胁到你，或者说越界行为相当严重，可以考虑绕过心理治疗师，直接报告。

要知道，绝大多数的心理健康专家都将你的最大利益置于首位。但就像其他专业领域一样，有少数人不应该从事这一行业，而且会对客户造成伤害。由于客户本就心理脆弱并且透露了个人问题，这些害群之马便有可能造成更大的伤害。你需要知晓解决问题的渠道。

与心理健康专家这样的中立第三方交谈，可以帮助你接纳自身感受、治疗有毒关系带来的创伤。在这一章，你了解了治疗的过程以及你能从中获得的好处。最重要的是：你的痛苦和经历都是真实的，你可以向受过专门培训的人表达这些感受，寻求帮助。

一位优秀的心理健康专家会为你找到自我安慰的策略和方法，让你在咨询室之外也能照顾好自己。这其实属于自我关怀的一部分，也是我们下一章的主题。

第7章

关爱自己

如何满足自己的需求，并将自我关怀
融入日常生活

有毒之人会通过语言或行动告诉你，你的需要并不重
要。在你脱离有毒境遇之后，请对自己好一点，再好一点。
如果你还不知道方法，不妨从温柔的自我关怀做起。

自我关怀不是生活中偶尔点缀的奢侈享受，而是一种必
需品。人们通常会觉得自我关怀是一种放纵，或者说我们应
该把别人的需求放在自己的需求前面，这些想法都是有问题
的！当我们把自己照顾得很好时，我们才能拥有更旺盛的精
力和更平静的心态，这也是自我疗愈的关键。本章将澄清有
关自我关怀的常见误解，还会告诉你关爱自己的多种方法。

"心理治疗师告诉我，作为看护者我同样需要自我
关怀。就像坐飞机时遇到紧急情况，你要先为自己戴上

氧气面罩再帮助身边的孩子——只有先好好照顾自己，
才能照顾别人。"

———梅根，35 岁

什么是自我关怀

自我关怀并不意味着被娇惯或得到"特殊待遇"。它是一种善待自己的行为，你要像对待最好的朋友一样对待自己。你让自己在生活的各个领域达到健康、幸福的状态，包括你的身体、情感、精神和人际关系。所谓的"健康"该如何理解呢？我来分别为你说明：

身体方面：身体健康是大多数人在考虑"健康"这一概念时最先想到的。身体方面的自我关怀包括定期看医生（包括牙医），坚持锻炼，有良好的睡眠习惯，保持个人卫生，均衡饮食。

情感方面：情感或情绪健康指的是承认自己的感受，并允许自己去感受它们。当你体验到强烈的情绪时，你不会觉得自己失去了控制，因为你知道"强烈的情绪"同样是人类经验的一部分。而当你感到压力或疲惫时，你知道自己需要放慢节奏、调整状态。你进行主动而不是被动的自我关怀——这意味着你一直善待自己，而不是由于压力才临时如此。

精神方面：精神层面的健康意味着你与"高于自己"的东西相连。这不代表你非得认同某种宗教，而是说你有一套道德准则或信条，你按照这些准则生活，做出生活中的选择。你可能觉得自己与外部环境甚至其他生物都息息相关。保证精神层面健康的活动可能涉及正念、冥想，或融入大自然。

社会和家庭方面：社会和家庭层面的健康意味着你能与他人交心，积极参加社区活动，并在投身其他领域和陪伴家人、朋友之间保持平衡。你能够拒绝无意义的社交或责任且不感到内疚。你对他人有同情心，并能够设定健康的界限。在社会和家庭方面，自我关怀意味着知道自己什么时候需要社会支持和什么时候需要别人施以援助。一旦意识到自己需要独处，确保自己能够获得独处的机会。

日记素材——你的健康状况如何？

对于上一节中提到的四个领域按照 1—10 分评估自己的状态，1 表示你在该领域需要大量的额外帮助，10 表示你对生活中这个方面的情况非常满意。

选择一个你认为自己可以改进的方面，然后进行头脑风暴，列出实现途径。例如，你为自己的身体健康状况打

---

2 分，而你希望它达到 8 分，可以采取的行动包括每天去散步，使用智能药盒提醒自己按时服药，以及每天晚上 10 点钟上床睡觉等。如果你觉得自己能在一个月内坚持做到其中的一两件事，那么就去试一试。当你发现自己的健康状况有所好转时，你会更有动力长期坚持下去。实现目标需要循序渐进，没必要一下子把每个方面的个人习惯都改掉！

	当前状态 （满分 10 分）	你希望达到 的状态	要采取的 步骤
身体方面			
情感方面			
精神方面			
社会和家庭方面			

一个月后，再给自己做一次评估。你目前在该领域的感觉如何？准备好接受下一个挑战了吗？选出另一个你想改善的领域，按照同样的方法采取行动。随着时间的推移，你的整体生活质量将出现很大的改观。

自我关怀需要因人而异

本章介绍的一些自我关怀的做法可能非常吸引你，而对另一些你可能根本提不起兴趣。这完全没有问题！对其他人有效的做法可能对你不适用。你的朋友可能觉得在花园里劳作是排解压力的有效方式，而你却宁愿宅在家里读书。她洗个畅快的热水澡便可放松身心，而你却觉得无聊，只想跑出浴室。这并不说明上述方法有什么问题，只是意味着每个人有不同的放松方式。在找到有效方法之前，你需要多做尝试。想一想，当你感受到压力时，曾经做过哪些事情让压力缓解？试着重现那一幕，看看它是否还能帮助你重获能量。

快速核查表：你擅长做好自我关怀吗？

评估你在自我关怀方面做得如何的一个有效方法是进行自我反思。在下面这些陈述中，有哪些符合你的实际情况？

1. 我在满足自己的需求之前，先满足别人的需求。

2. 我觉得自己做什么都无济于事。

3. 我每天都在做同样的事，感到疲惫不堪。

4. 我觉得自己精力不足。

5. 我醒来时感觉很累，没有精神。

6. 我想过逃离现在的一切，重新开始。

7. 我很难对别人说"不"。

8. 我通常无法抽出时间来享受生活。

> 9. 我不怎么运动。
>
> 10. 我没有任何常用的放松身心的方法。
>
> 上面的陈述你同意的越多，你就越需要加强自我关怀。还是那句话，不要急于求成，从一个你可以坚持做下去的自我关怀方式切入。

花时间享受乐趣

施虐者可能告诉你，享受乐趣是有条件的，你必须努力"争取"，而你可能永远达不到对方的要求。但快乐是你的权利。你可以安心享受乐趣，不必担心可怕的事会发生。

所以，花点时间专心享受乐趣——只要不会伤害自己或其他人，你可以做任何想做的事。你更不必在意有毒之人对你的兴趣爱好指手画脚。

或许你需要走出家门，放松一下。因为在家时，你可能总惦记着做家务、打扫卫生，但是在户外就不一样了，你可以转移注意力，充分感受快乐。大自然的节奏往往比日常生活要慢，你也会随之放慢自己的思绪。

或许你可以自己玩耍，也可以带上家人和朋友。请确保大家都是为了放松心情才聚到一起的，一些尖锐的话题可以留到以后再讨论。不然的话，你还要不断安抚其他人，无法专心享乐。

当你玩得开心时，留意到底是什么给你带来快乐。是跟家人玩游戏吗？还是烹饪、陪朋友、搞园艺种植？当你忘掉压力、享受当下的时候，你在做什么？我强烈建议你把相关的活动写下来。当你需要放松的时候，拿出这份趣味活动清单，从里面选一项去完成。

享受乐趣不一定要花钱——有许多令人愉快的活动是免费的，你所在的社区可能就有不少活动等待你探索。

> "前男友总是告诉我，我对这段感情不认真，所以我总是精神紧绷，无法安心享乐。现在我知道，我可以在不感到内疚或羞愧的情况下获得乐趣。"
>
> ——莎拉，50 岁

良好的饮食

本章中的许多自我关怀策略可以让每个人受益，对于有毒关系中的受害者尤为如此。作为一种自我关怀策略，饮食健康能够改变人的状态，对失落、焦虑的人则更加重要。食物是身体的良药和燃料。在你吞下有毒关系的苦果时，你需要最好的食物供给。最基本的要求是饮食要规律。饿了就去找吃的，吃饱了就停下。

感觉不开心的时候，人们往往偏爱碳水化合物和含糖的食物，并可能对某种食物成瘾。[1]当你处于高压之下，再加上曾经患有饮食失调，节食或暴饮暴食也更有可能发生。如果你觉得自己很可能回到饮食紊乱的状态，建议尽快向医生或心理健康专家求助，防止状况急速恶化。

可以请注册营养师来评估你的需要和目标，共同讨论出一份健康的饮食计划。如果你喜欢烹饪，换一份健康的食谱试一试。还可以尝试"正念饮食"（见第 177 页）。

保持个人卫生

我们通常不会在日常生活技能方面遇到困难，除非正在经历抑郁、焦虑、创伤、极端压力或悲伤——这些都是离开有毒的关系或状况之后常见的症状。我们可能会忘记做一些基本的事情，例如洗澡、换衣服、睡觉或吃饭。这些最基本、最普通的事，在你内心挣扎的时刻，也会变得异常艰难。希望下面这些小步骤能够帮到你：

当你感觉不舒服时，就会不愿起床。但是，下床这一简单行为能极大改善你的状态。所以，早上一清醒，就坐起来，然后离开自己的床。

接下来，脱掉睡衣，换上干净舒适的衣服。

如果发现起床后很迷茫，不知道要做什么，可以提前把要做的事项列成清单贴在显眼的地方，例如浴室的镜子上。

如果发现自己已经养成了不注意个人卫生的习惯，须考虑与心理健康专家会面（必要时请重温前一章）。与专业人士谈论你的经历，并接受药物治疗评估都会为你带来帮助。

动起来

运动对保持健康十分重要。如果你没有运动的习惯，那么开始做运动会让你感到畏惧和不舒服。然而，一旦你动起来便会感受到它带来的好处。运动将不再是煎熬，而是照顾自己的一种有趣方式。

把注意力放在"运动"上，而不是"锻炼"上。因此，任何类型的运动都有效。你可以考虑在上班时多走楼梯而不是乘坐电梯，或者跟孩子一起办一场快乐舞会。

这里还有一些其他的运动方式：

- 利用午休时间散个步。
- 接电话或办公时坐在一个大的瑜伽球上。

- 做家务，对房间进行深度清洁。

- 不开车，骑自行车。

- 整理家里的小院子。

- 看电视剧时，在两集之间或广告期间运动一下。

- 打电话的时候走动起来。

- 邀请朋友一起运动，例如参加舞蹈课。

- 购买虚拟现实（VR）设备，尝试 VR 旅游，或使用 VR 健身软件。

- 跟着最喜欢的歌曲跳舞。

- 成为你最喜欢的运动的裁判或教练，或担任儿童团队的教练。

建议早上起来第一件事就是做运动，将运动的好处最大化。运动带来多巴胺和内啡肽的提升，使你感到快乐和放松，同时提高注意力。早起锻炼，相当于解决掉一件清单上的待办事项——工作劳累了一整天后，你可能更难坚持锻炼。

定期运动不仅可以减少压力，还可以改善情绪。运动让你对身体有一种掌控感，这将提高你的自我效能感。[2] 自我效能感是一种信念，即相信自己可以胜任某件事。通过运动，你会觉得自己学到或征服了新技能，而如果一个有毒之人曾经不断打击你——说你什么都做不成——运动将改变这个局面。

> "我不想做任何跟'运动'有关的事。但后来我发现，和朋友一起在沙滩上散步也算运动。'运动'嘛，没什么大不了的。"
>
> ——莎拉，42 岁

坚持写日记

读到这里，你一定能看出我本人非常提倡写日记，本书也为你提供了大量日记素材。写日记可以帮助你调节情绪，还可以让你回顾过去，看到自己在情感和精神方面的成长。写日记有益于身心健康。如果你长期处在一段有毒的关系中，内心积聚的压力将引发各种健康问题。

写日记允许你把想法和感受释放到纸张上，而你的大脑也会喜欢这种做法——写作让你的想法和感受"外部化"，这将为大脑减轻负担。

你可能觉得日记一定要写在纸上。传统意义上的日记确实如此，但记录想法的方式不止一种——不是说一定要有日记本才能实现自我关怀。写日记也不需要高超的写作技巧。

有的人喜欢大声说出自己的想法，从而消化内心感受——如果你不想动笔，那么可以通过录音或听写的方式记录想法。最简单的做法是，利用午休时间回到车里，对着手机讲出自己的感受，几分钟就完成了。日记也未必由文字组成，你可以用素描、绘画的形式展现。

没有人规定必须要抽出多少时间来写日记。虽然有证据表明，多写日记能够改善心情，你愿意写日记这件事本身就是进步——细微的进步也是进步。

每隔一段时间，回顾一下自己的日记。如果你是情感虐待的受害者，在心理治疗师的陪伴下进行回顾或许效果更好。一边阅读，一边关注自己在治愈旅程中的成长。当我们处于变化之中时，我们往往不会注意到这些变化。但当我们回顾过去时，反而能看清自己的进步。那些我们一度以为自己无法翻越的高山，最终也没能将你击垮，你安然走到了现在。

需要警惕的是：如果你依旧与有毒之人保持联系，他们可能试图翻看你的日记。建议将日记储存在电子设备中，增加密码保护，而不是使用纸质版本。当然，一旦对方下定决心，而且有高超的技术水平，访问电子设备上的文件也不在话下。如果你目前正处于有关孩子监护权的诉讼中，或者认为你将来有可能会上法庭，请与律师联系，了解你是否应该保留自己的日记。在美国一些州，听从心理治疗师安排而撰写的日记在法律上被视为"不可披露信息"，但私人撰写（不是心理治疗的一部分）并保留的日记可能被视为"可披露信息"。"可披露信息"意味着对方可以通过法律程序要求查看你的日记。

"每当有毒之人在我身边阴魂不散，希望恢复联络时，我就会翻阅日记，看看自从屏蔽了他们之后，我的心情有多好。这是一个很好的提醒，提醒我一定要继续离他们远远的。"

——哈维尔，26 岁

日记素材——写下你此刻的感受

如果你是第一次写日记，或者只是想专注于当下，那么写下你此刻的感受是非常好的训练方式。尽可能详细地描述自己的心情，你的感觉如何？如果你感到悲伤，仔细体会，你是否感到失望、凄惨、烦恼、心碎、沮丧、悲观或忧郁？如果你感到高兴，那么你到底是得意、快乐、愉悦、满足、平静、欣喜若狂，还是积极乐观？有时人们会用颜色来描述自己的心情，会把感受与某些地点和经历相连，或是把心情比作某种动物。例如，有人这样描述自己的愤怒，"像一只老虎，随时准备扑上来。它是愤怒的红色。它是一种不公正的感觉，感觉事情不公平"。你还可以把情绪画出来，或许这能帮助你从不同的角度看清自己。

建议你经常在日记里完成这个练习。每次把自己的感受全都写出来后，看能否体会到如释重负的感觉。

冥想

冥想帮助你停留在当下。最简单的冥想方式就是关注自己的呼吸——感受每一次吸气和呼气。在某些形式的冥想中，你可以坐着或躺下。有些人会练习正念冥想，在冥想过程中保持思维活跃，这种形式同样值得鼓励。

当你在冥想时，头脑中很可能会升起无数个念头，就像有一只猴子在树枝间来回摇摆跳跃。这种体验是再正常不过的了。冥想的目的不是把想法清空——有着丰富冥想经验的人会告诉你，把想法清空几乎是不现实的。冥想是为了对自己有更多的认识，并聚焦当下。当你在冥想时，你可能会看到一个想法飘进脑海，接纳这个想法，然后让它消失。你冥想得越多，当想法进入脑海时，你就越容易让它们消失。

一些软件和音频课程可以指导你进行冥想。

正念

正念是冥想的一种形式——你需要保持思维活跃，并对此时此刻的体验保持察觉。分心也没关系，因为我们实际的生活本就很忙碌。

你可以尝试的一个正念训练是正念饮食。当你坐下来吃饭的时候，关掉电视等一切设备。只专注于吃饭这件事：每块食物至少咀嚼十次，感受食物的质地、口感和味道。你可能会发现，当你用心吃饭时，你吃下的食物更少，但仍然感到很满足。你也可能开始转向更健康的食物，因为你现在对于吃饭更加在意。

说出三件事

当你感到压力或沉浸在受虐的回忆中时，可以使用"说出三件事"的技巧。你不需要任何肢体上的动作，待在原地即可，然后说出你能听到的三件事，你能看到的三件事，以及你能感觉到的三件事。继续按照这个顺序"说出三件事"，直到你回归到对当下现实和自我的感知上。你可以大声说出三件事，也可以在心中默念，选择的事物允许有重复。这种做法被称为"情绪着陆技术"。这一技术有助于分散大脑的注意力，让它专注于此时此地。经常使用"说出三件事"或其他情绪着陆技术，让它成为"压力山大"时的本能反应。

尝试创造式想象和引导式想象

利用大脑的创造能力来制造放松的感觉。网上有许多录音和视频，可以引导你想象一个放松的场景。其中一些会用倒计时带你进入放松的环境，然后在结束时用倒计时提醒你回到现实世界。还有一些会用倒计时引导你进入放松状态，然后引导你入眠。

在找到适合自己的音视频教程之前，你可能需要多做不同的尝试。某些音频的配音很出色，而某些视频的画面能起到不错的放松作用。

保持充足的睡眠

良好的夜间休息有助于大脑进行自我修复，让我们在应对日常生活时更加游刃有余。保持良好的睡眠是治愈有毒关系的必要条件。有毒的伴侣可能故意让你彻夜难眠，以此来控制和恐吓你。你可能已经很多年没有睡过一个安稳觉了。

如果你是一段时间以来第一次独自入睡，那么可以了解下面的方法改进睡眠质量。

- 睡前听一点放松舒缓的音频。
- 至少在睡前一小时关闭所有电子设备。
- 将电视移出卧室。
- 如果你的床垫比较旧或不舒服，换一个新的。
- 不要让宠物进入卧室。
- 床是用来睡觉的，不要在床上工作。
- 清理卧室杂物，使用柔和的灯光，打造放松舒适的睡眠氛围。

睡眠问题可以向医生求助，并说明家族成员中是否有人患有睡眠障碍。你可能在短期内需要药物来帮助你入睡。医生开具的处方能让你睡得更好，并帮助你在第二天更好地控制情绪和压力。充足的睡眠是自我疗愈的必备条件，它让你对重建生活充满希望。

"我会在睡前一小时关闭手机和平板电脑，早上醒来感觉更加精力充沛了。"

——莎黛，28 岁

适度使用电子设备

正如我在上一节提到的，建议你在睡前至少一小时关闭电子设备。为什么呢？你的大脑需要用这段时间放松下来。睡前查看电子设备，它们发出的光会抑制大脑中褪黑素的分泌。[3] 褪黑素是一种帮助调节睡眠的荷尔蒙。你可能认为调低亮度或切换成夜间模式能够解决这个问题，但答案是否定的。[4] 因此，睡前请提早让自己从平板电脑、手机或电视的包围中解脱出来。半夜醒来时也不要打开它们。

建议为自己制定一个"晚上 9 点钟后不使用电子产品"的规则，并邀请全家人执行。如果无法在睡前一小时关机，那么不妨先从 15 分钟开始。当你体验到睡眠质量的提升后，再逐步加码，将关机时间提前到 30 分钟，然后是 45 分钟，最后是终极目标——一个小时。这样的一番操作让改变更容易被接受，新的习惯也就随之形成了。

限制社交媒体的使用

在一段时期内，限制自己在社交媒体上的互动。除了心理健康专家，越来越多人意识到过度使用社交媒体会带来一些严重的危害。你投入在社交媒体上的时间越多，出现抑郁症和焦虑症的概率就越大。[5]我想在这里强调两个原因：

首先，当我们看到别人幸福的照片或帖文时，很容易便开始将我们的生活与他们的生活进行比较，并开始思考为什么自己过得如此艰难。俗话说，比较是偷走快乐的小偷。总会有人比我们拥有得更多或更少。此外，人们发布的许多内容并不能准确反映他们的日常生活。我们很可能没见过他们线下的样子。你遭遇的有毒关系也可能如此——你和前伴侣看似风风光光、坐拥一切，但社交媒体上的朋友或粉丝根本不知道你真正经历过什么。

其次，我们的自我价值感可能与社交媒体账号的点赞、评论数量联系在一起。被点赞是值得开心的事，这符合大脑的化学反应——网友的正面回应会在大脑中引发多巴胺的释放，点亮你内部的"奖励系统"。[6]这种体验会让每个人开心，特别是那些刚从有毒环境中走出来的人，在这之前，他们可能极少得到认可。但我们的大脑会习惯于此。一旦某次发帖没有引发热烈反响，你的心情也将跌落谷底。请记住，社交媒体上的回应数并不能反映你作为一个人的真正价值。这在逻辑上讲得通，但大脑会向你发出不一样的信号。

社交媒体也制造了距离，那些在面对面交流中难以启齿的恶毒话语，反而在社交媒体上大肆流传。

如果你觉得很难戒掉社交媒体，不妨将相关应用程序从手机、平板电脑上卸载一段时间，或停用、删除你的账户（这听起来很激进，但为了保护自己这些都是值得的——你可能从此学会了享受生活，把时间从虚拟世界中夺了回来）。如果你必须在社交媒体上完成工作，可以考虑关闭评论。与粉丝互动确实很美好，但一条恶评就足以让好心情荡然无存。

如果你继续使用社交媒体，确保屏蔽与前任有关的人。如果屏蔽某人会引来新的麻烦，甚至重新点燃与有毒之人的联系，不妨把他们都改为静音。如果网络上的某些言论会引发不适，可以设置过滤包含特定词汇的帖子，例如"虐待""自残"和"自恋者"。

> "我真的会生自己的气，为什么每个人都过得那么好，而我却在为能过上正常的生活苦苦挣扎。我会查看他们所有的照片，有甜蜜的瞬间、可爱的宝宝，还有充满异域风情的度假旅行。后来我发觉，这些人也会有挣扎，只不过他们没发出来。"
>
> ——康斯坦丝，40 岁

不要戒掉旧情又添新瘾

在结束一段不健康的关系后，你最初感到解脱，随后可能会产生空虚的感觉。离开有毒之人当然是正确的决定，但对方的消失仍会在你的内心留下一个空洞，毕竟你曾经跟他共度时光，甚至亲密接触。这种空荡荡的失落无比难熬，达比对此深有感触。

达比和前任米迦结束了一年的恋爱长跑，这段关系从甜蜜开始，但慢慢变了质。在米迦又一次陷入暴怒之后，一切变得无法挽回。与其跟一个失控的人在一起，不如回归单身——达比选择了离开，并切断了跟米迦的联络。达比经历过更长的恋爱，但这次分手对他的打击最大。分手后的六个月里，达比见了一些新的对象，但都没有来电的感觉。他自己一个人生活，却总是忍不住思念米迦，即便米迦在爱情中表现得如此糟糕。达比不想再沉溺于过往，便开始借酒消愁。后来，为了避免感到孤独，他不得不多喝一点儿。达比变得不爱出门，对约会也提不起兴趣——万一遇到另一个"米迦"，该怎么办？与此同时，每晚一两杯酒早已变成了四五杯，达比很难想象一个没有酒的夜晚。

有毒的关系会令人上瘾，为了戒掉旧瘾，许多人又转向了新的事物——以此来置换他们从前任那里品尝过的快感。这种新的事物可能是酒精、毒品、情欲、食物，甚至是过度运动。它可以是任何对你的生活产生负面影响的东西，而且难以戒除。对新的事物成瘾有两个目的：它让你的失落、焦虑和抑郁得到缓解，也让你逃避那些自己不愿面对的东西。

有一天，达比的朋友希瑟打来电话，说达比似乎饮酒过量了。

达比开始辩解："希瑟，你不该这么说我。"

希瑟有些失望："达比，我爸爸就是个酒鬼，我当然知道酗酒是怎么回事。如果你再不停下来，我真担心你会出事。"此后，达比有两个星期没有和希瑟说话。但最终他意识到希瑟的那番话是出于关心，而且他喝酒并不是为了驱散分手后的难过和孤独，而是为了麻痹自己不去感受任何东西。达比预约了医生，在专业人士的指导下做出改变。

总结一下，戒掉旧情又添新瘾是很常见的，但你要觉察到这一切并将它控制住。如果你觉得自己要对新的事物成瘾了，可以参考本章的一些自我关怀策略，用更健康的方式来抚慰自己。你也可以跟心理咨询师预约。接下来做一个快速测试：

快速核查表：你是否开始或重新开始了一种成瘾行为？

想一想最近令你着迷的物质或活动，根据自身情况，回答"是"或"否"。

1. 我忍不住想要使用它。

2. 我因为使用它而惹上了官司。

3. 家人和朋友对此表示担忧。

4. 我曾试图控制，但没有效果。

5. 我因此而负债累累。

6. 由于使用（该物质）或参与（该活动），我错过了生活中的重要事件。

7. 为此我忽略了生命中重要的人。

8. 我不认为自己能摆脱它。

9. 我有过戒断症状（例如，对它极度渴望）。

10. 为了更多地获得（该物质）或参与（该活动），我想回到有毒之人身边。

如果回答为"是"的陈述超过一项，你可能存在成瘾和物质依赖的现象。如果发现自己依赖某种物质或行为来逃避内心复杂的感受，请向专门处理成瘾问题的心理健康专家求助。建议重温前一章，找到适合自己的心理咨询师。

为自我关怀留出时间

你可能觉得自己没有时间进行自我关怀。读完本章后，我希望你能更加重视睡眠、饮食和个人卫生，这些事本来就是每天必不可少的。如果想要在日常生活中增加一些其他的自我关怀做法，例如冥想、写日记或做运动，请参考下列建议：

- 短暂休息五分钟。让奔忙的自己缓一缓，几分钟就够——总比不休息要好。

- 利用碎片化时间。总觉得没有完整的一个小时来锻炼身体。现在运动 10 分钟，过一会儿再运动几分钟。这些都算数。

- 将自我关怀加入日程。在日历上预定自我关怀的时间，并在这一时间段内对其他活动说"不"。当你对自己的时间设定界限时，人们往往会更加尊重你的时间安排。

- 出门旅行或进行一次自我关怀的"宅度假"。如果条件允许，一次自我关怀的旅行可以帮助你调整情绪，安抚你那颗被日常琐事占据的心。如果你不能出门旅行，就预留几天时间放松一下，到周围走走，也不失为一种休息的好方法。

- 让自我关怀成为一种小仪式。如果你每天或每周在同样的时间做同样的事，它就会成为一种习惯。例如，每天下午 6 点钟都是你写日记或涂鸦的时间。

在逐渐学习自我关怀的过程中，你会看到自身的情绪、想法以及和周围世界的互动都在向好的方向转变，然后你也会更自觉地为关心、照顾自己预留更多时间。

照顾好自己对自我疗愈至关重要。在这一章，我们探讨了自我关怀的策略，例如，保持足够的睡眠、运动、写日记，以及冥想和反思。当你积极主动进行自我关怀时，你就能在危机来临之际维持好健康的状态。当你照顾好自己时，你才能更好地履行生活中的其他责任，也才有可能为他人着想。在下一章，我们将探讨如何与生活中心态健康的人重新建立联系，这将进一步让你的生活回到正轨。

第 8 章

重新出发

如何与情绪健康的人重建关系

———————————

　　朱尔斯觉得自己拥有坚实的后盾——她与家人相处得相当好，还有一些关系非常亲密的朋友。但是最近，朋友们开始忙着照顾孩子，顾不上跟朱尔斯经常见面。为了结识新朋友，有一天，朱尔斯报名参加了一个烹饪班。她与同期学员桑迪一见如故，桑迪最近才搬到镇上。两人一起喝了咖啡。没过多久，她们每个周末都要相约见面。"你是我有生以来最好的朋友，"桑迪高兴地说，"和你在一起让我感觉很完整。"

　　"你这么想真是太好了！"朱尔斯感叹道。"我常常怀念与朋友相处的时光，真高兴你能陪我。"桑迪一定是把这句话当成了一个信号。她接下来给朱尔斯讲了许多亲身经历的友谊变质的故事。桑迪的交友模式是——她始终不遗余力地帮助朋友，却反遭利用，最后被抛弃。私下里，朱尔斯觉得桑迪这么早就跟她分享这些有点奇怪。但是，桑迪在经过这么多背叛之后还能把故事讲出来，这在朱尔斯看来很酷。

又过去几周，朱尔斯的朋友梅根打来电话，想约她聊聊。朱尔斯欣然同意："你必须见见我的新朋友，桑迪！"梅根与大家都相处得很好，把桑迪介绍给她，这样桑迪也会多一个朋友。

朱尔斯和桑迪每次都去一家固定的咖啡店，三人的会面地点也在那里。不过，桑迪似乎很想把梅根排除在外，她甚至一度把椅子转过来，直接背对着这位新朋友。当天晚上，梅根给朱尔斯打电话："我不知道该怎么说，但桑迪真的有些不对劲。"

朱尔斯回答说："我也不知道……桑迪可能还不太习惯认识新朋友吧，毕竟她经历过那么多。你这么说是不是有点太针对她了。"两个人用比平时更冷淡的语气挂断了电话。

第二天早上，桑迪打给朱尔斯，她说："站在好朋友的角度，我觉得有义务告诉你梅根对你的评价。她说你很黏人，经常占据她大量的私人时间。"朱尔斯有点好奇她们什么时候单独说过话——但有昨晚的电话在前，朱尔斯突然理解了桑迪背对梅根的举动。朱尔斯太生气了，不想再理会梅根的评价，也没再同梅根单独联络。

几周后，朱尔斯介绍桑迪跟她的家人认识。饭局上的一切似乎都很顺利。但当桑迪离开后，朱尔斯的母亲愤怒地质问她："我真不知道你竟然是这么忘恩负义。"朱尔斯完全听不懂母亲在说什么，但她根本不听朱尔斯解释。

从那以后，她和母亲的联系也变少了。慢慢地，朱尔斯的朋友只剩下桑迪一个人。直到有一天在咖啡店，朱尔斯从洗手间回来时，瞥见桑迪匆匆忙忙把东西塞进钱包。再后来，朱尔斯发现自己钱包里的现金不见了，而且她最喜欢的耳环也从梳妆台上消失了。这些事最近一直都在发生，这向朱尔斯发出警报，她也终于察觉到了。

朱尔斯开始跟桑迪保持距离，随后结束了这段友谊。但朱尔斯感到非常孤独——失去这位有趣的新"朋友"为她的生活留下一个空洞。她渴望恢复与家人和旧友的联系，可就因为被桑迪愚弄，她竟然主动疏远了那些真正爱她的人，朱尔斯感到内疚和羞愧。过去这么久，她不知该如何跟她们重新建立联系。

处在有毒环境中的你好似一座孤岛，朋友和家人都被隔离在外。还有像桑迪一样的有毒之人，在你和其他朋友之间

成功挑起事端。你会听到有人说你疯了或是过于黏人。这些谎言极易动摇你对其他人的信任，而有毒之人的目标也就达成了——尽可能地孤立你，让你对别人失去信任，最终只能依赖他（或她）。

为了完成自我疗愈，你需要回到那些情绪健康的朋友和家人身边。你之所以认定他们拥有健康的情绪，是因为在他们面前，你感到平静，也可以放心做自己。家人、朋友都期待听到你的消息。如果当你与他们重新联系时，一些人对你评头论足或给你带来麻烦，那就转身去找其他人。把时间留给那些值得的人，你才能重新开始信任他人，建立起健康的友谊。在本章，我将概述重新建立社交关系过程中的注意事项，并为你提供一些建议，帮助你找到心态健康，而且与你志趣相投的人，他们最适合陪伴你重新出发。

> "前男友会怂恿我和其他女人为敌，他说，身边的女人都在打他的主意，一想到有人在勾引他，我就感到不安。为了找回健康的心态，我努力结交女性朋友。然后我发现，绝大多数人都是愿意看到我幸福的，她们不会跳出来对付我。"
>
> ——杰米，28 岁

你不需要与所有人恢复联络

当你走出有毒的关系，重建自己的朋友圈时，请记住，我们有时会陷入有毒关系的原因是我们一直没体验过健康的关系。这倒不是要你处处疑神疑鬼，但是，你确实需要保证重新建立的关系是健康的。

在你的生活中，除了那个有毒之人或虐待你的人之外，是否还有其他人对你不好？是否有朋友或家人曾经向他人贬低过你？是否有人急于相信关于你的传言，却从来没有直接向你求证？把这些人从你的社交关系中删除吧！

对那些为有毒之人充当和事佬的人做一些额外甄别（如第 2 章所述）。如果当你跟有毒人士断绝关系之后，他依旧帮忙传话，那意味着他和有毒之人还在交往，或者这位和事佬是在多管闲事，为自己加戏。这并不是说他们不可能改变。如果你不想跟这位和事佬绝交，那么就要直接、明确地向他说明你的禁区。许多帮助施虐者传递信息的人并没有意识到他们所造成的伤害。只有你能判断这位朋友或家人总体上算不算得上一个善良、健康的人。你不是在寻找完美的人——你只需要找到关心和尊重你的人，而且他们愿意道歉、认错，也愿意在未来做出改变。

快速核查表：这个人情绪健康吗？

以下描述是否适用于你想结交的朋友或亲属？

1. 与这个人相处令我感到内疚和羞愧。

2. 这个人告诉我，我需要讨好她，换取她的陪伴。

3. 我曾被这个人挑衅或欺负过。

4. 与这个人相处后，我感到精力耗尽。

5. 与这个人相处后，我怀疑自己不够好，不值得被爱。

6. 这个人会给我讲述关于其他人生活的亲密细节。

7. 这个人威胁说如果我结束这段关系或友谊，就会伤害或杀死自己。

8. 在这个人身边时，我感觉自己不是自己。

9. 这个人在我面前以及在其他人面前贬低我。

10. 不跟这个人接触的时候，我感觉更好。

如果你对这些描述中的一个或多个给出肯定回答，你很可能正在和一个有毒之人打交道。请认真考虑是否还想与这个人重新取得联系——有时候，不如选择放手。

如果你认识的人威胁要自杀，请打电话报警。

坚定你对新朋友的看法

离开有毒的环境后，你可能会比以前更迅速地发现不健康行为。这将带来许多疑问：我是否对有毒行为格外敏感？有毒的行为是不是一直都在那里，而我现在才注意到？还是说某些行为本来没什么问题，是我误读了？

为了得到确切答案，你需要追问自己更多问题。你为什么会产生这种感觉？你觉得自己正在建立一段健康的关系吗？还是说你在这个人身边总会有种恐惧、不安的感觉？这个人是否表现出不健康的行为？就像我在第 4 章提到的，请相信你的直觉。如果你觉得有些事情不对劲，那它就可能有问题。不要因为想要保持"善良"，就和那些从不为你着想的人继续交往。有毒之人会告诉你，你的直觉是有问题的，但是请听从自己内心的声音，因为它在绝大多数情况下不会出错。如果你需要更多判断依据，请重温第 1 章有关不健康关系的描述，以及第 5 章对于安全型和不安全型依恋模式的描述。你曾经亲自见识过的有毒之人的特征，确实有可能在新朋友身上重演。我们还将在第 11 章中讨论其他预警信号和不健康的相处模式，例如依赖共生关系。

> "从心理治疗中我了解到什么是健康的关系，随后我开始'剔除'生活中的有毒人群。现在我的生活变得更好了，那些对我不利的人不配获得我的关注。"
>
> ——钱德拉，38 岁

警惕不健康群体

这有点危言耸听，但请务必注意一个你可能没有考虑过的危险。在我的职业生涯中，我目睹过脆弱的人离开有毒的环境，却被邪教组织、极端组织或传销组织等不健康的群体所诱骗。请记住，在脱离有毒的关系或环境后，我们的内心还很脆弱，非常渴望与人交往、寻找归属感，这会让我们易受蒙骗。

极端组织的领导者会将那些尝试重建社会关系或自我疗愈的人列为操纵目标。他们很清楚，内心脆弱的人不太可能对他们的手段提出质疑。鉴定极端组织的依据有：

- 灌输"我们"反对"他们"的心态，制造对立。
- 宣称该组织掌握着"机密"信息。
- 领导者具有神一样的地位。
- 参与该组织的人被称为"追随者"。

- 不鼓励你在该组织之外寻求信息。

- 只有组织中的"高级"信徒才能接收高层号令。

- 对追随者进行性剥削。

- 你被囚禁在该组织内。

- 威胁说如果离开就会对你使用暴力或将你逐出组织。

另一种不健康团体是传销组织。这类组织通常需要"支付入伙费"才能参与,即购买产品或服务。传销组织的大部分钱都流向了金字塔顶端的人,而 99% 的参与者都会亏钱。[1]对于任何要求你为获得销售某产品的"特权"而预先付款的公司,都应持怀疑态度。如果你已经与有毒的家人断绝联系,他们可能会切断对你的经济资助。传销组织经常选择那些脆弱的、身无分文的人作为目标。如果你还想着通过传销一夜暴富,请上网搜索对相关骗局的举报和曝光。如果有公司要求你签署文件,请律师为你把关,还要确保该公司允许对未售出的产品进行退款。无论如何,请远离传销组织。

> "我终于在这里找到了归属感,但我发现加入这里的人们都被禁止退出。他们对领导者唯命是从,仿佛他绝不会犯错。很快我便意识到,自己不知不觉又进入了另一种虐待关系。"
>
> ——柯克,38 岁

快速核查表：你是否已被卷入极端组织或邪教组织？

如果你担心自己可能已经陷入了一个不健康的群体，或者有朋友或家人告诉你某个群体是有害的，请判断该群体是否符合以下特征：

1. 加入这个组织，我终于有了归属感。

2. 领导者告诉我，我需要放弃我拥有的一切。

3. 领导者鼓励我把财务控制权上交给组织。

4. 有人告诉我：我是坏人，我是邪恶的，我有罪，组织会把我治好。

5. 我被鼓励跟未加入该组织的亲戚朋友断绝联系。

6. 该组织的领导团体不容置疑。

7. 有人威胁要对我使用暴力或将我开除。

8. 领导者对成员进行情感操纵。

9. 组织中的某些成员享有极大特权。

10. 我们被鼓励去仇恨某个特定群体。

你同意的说法越多，这个组织就越有可能是一个不健康的群体。请向组织外部的人士求助——值得信赖的家人、朋友，或权威人士都可以。建议你在离开该组织之后参加心理咨询（有关心理健康专家的内容请见第 6 章）。

找到健康的群体

无论是治疗小组（参考第 6 章相关内容）还是兴趣小组，加入其中都可以帮助你与他人重新建立联系。共同的兴趣爱好能够增进友谊。如果大家同在某个兴趣小组中，交流可能会更顺畅。如果你有社交恐惧症，加入一个全员社恐的兴趣小组可以减少你的压力，因为你们会更容易找到共同话题（与谈论完全陌生的话题相比，当我们对某件事情有一定的了解时，谈话过程就不那么令人焦虑了）。

刚开始可能会觉得有点慌乱，但请你放心，小组中的每个人在加入时都有过一些焦虑。和一群心态健康的人在一起，他们会让你融入其中，焦虑感也会随着你和他们互动的增加而减少。如果在与某一群体多次见面后你仍然感到焦虑，请停下来寻找问题的根源：是小组中其他成员的情绪不健康，还是你内心有焦虑等问题需要解决。

结交新朋友的场景还有：

- 你的邻居。
- 文化活动。
- 兴趣课程（舞蹈、烹饪、运动、艺术等）。

- 线上聚会和交友软件。

- 图书俱乐部。

- 节日庆祝活动。

- 论坛。

- 游戏。

- 跑步比赛。

- 遛狗公园。

- 职场社交平台。

- 宗教团体。

- 社区服务中心。

- 旅行团。

- 社会活动。

- 运动队。

- 非营利组织（请阅读第 10 章中有关志愿服务的内容）。

　　如果你想与某个团体的人交往，可能要由你来主动发出邀请。不要担心被拒绝。被拒绝可能会痛苦，但这是生活中不可避免的一部分。如果对方拒绝了你的邀请，这个人可能对社交感到焦虑，或者他确实有其他事情要忙——通常与你没有关系。

网络社交的优点和缺点

我们很幸运地生活在一个现代化社会，通过技术我们能够很方便地与朋友和家人联系，也可以认识新朋友。在社交媒体诞生之前，许多人通过朋友、家人的介绍认识其他人。这种方式已经过时了，现在我们在网上扩大朋友圈。[2]（如果你来自一个不正常的家庭，你可能会对各种新方式持有谨慎态度。）在真实世界中面对面交朋友对你有帮助，但网络上也存在长久且健康的关系。

在一些网站和软件上，你可以按兴趣和地点搜索群组，包括某些支持小组。请查找是否有符合你兴趣和需要的群体。即便是从网络上结识，还是建议尽量找机会在线下见一面，亲眼看到对方有助于加强友谊，特别是在早期阶段。[3]

通过网络或软件来交朋友会有一些隐患。如果你经常上网聊天，请监测你的聊天时长。网上冲浪会迅速吞噬你的时间，正如前一章所述，在社交媒体上花费大量时间会加重抑郁和焦虑。你需要做好时间管理，分清每项活动的优先级，例如设置一个定时提醒，按时断网。

网友塑造的个人形象未必是真实的。不要泄露任何你的个人信息——请记住，你现在很容易受到伤害，有些人能够感觉到这一点，并乘虚而入。如果你准备跟网友线下接触，请带朋友一起去，而且一定要在公共场所见面。

在第 5 章我们说过，让情感升温的最佳方式是通电话和面对面接触。为了跟心态健康的人重新取得联系，网络是一个很好的起点，但我敦促你：跟对的人在真实世界中相遇。

重新介绍你自己

当你与朋友或家人重新联系时，很可能不知道要如何表达。已经发生了这么多事情，许多话不知该从何说起。在"重新介绍"自己时，可以考虑这样说：

"我知道我们最近没怎么联系，但我希望能重建我们之间的关系。如果我以任何方式伤害了你，我向你道歉。我们可以重新开始吗？"

这就是帮助前文提到的朱尔斯成功重建关系的方法。她决定先打给最有希望原谅自己的人——她的母亲，然后又在一个周六去看望她。或许在周末她们都能坦然敞开心胸吧，母女二人都哭了，紧紧拥抱在一起。这使得朱尔斯鼓起勇气拨通了梅根的电话……你也可以像朱尔斯一样，一步一步来就是了。

结合你们的关系选择恰当的联络渠道。你们以前都是如何沟通的？有时发短信息可能比讲出来更容易，但你无法看到对方的表情。可是如果你担心被拒绝，用发短信息这种不太直接的方式取得联系也是可以理解的。为了能顺利重新出发，只要是你选定的方式就都是正确的方式。如果对方觉得受到冒犯，不妨重新考虑你是否真的想与这个人建立关系。

要知道，没有任何规定说一个人必须接受你的道歉同时还要与你和好如初。出于各种原因，有些人不愿再跟你交往。就算你再怎么觉得对方是在针对你，请记住，这与你无关。当涉及人际关系时，有的人只会给对方一次机会。这种交往方式谈不上健康，但只要对当事人有用就可以了——她可以用这种方式规避伤害。当然，这也意味着她会放弃任何重燃友谊的机会，包括和你。人们如何对待你代表了他们的情况，而不是你的情况。

> "再次跟妹妹联系时我可太紧张了，但当我们一聊起来，仿佛一切都没变。"
>
> ——玛丽亚，54 岁

你不需要为所有事道歉

当你与至亲至爱之人重新交往时，你可能很想为你们之间发生的一切说声抱歉。产生这种感觉完全正常。然而，把其他人的过错揽到自己身上对于一段关系没什么好处，或许你已经习惯了向有毒的伴侣、老板或朋友低头认错。

在表达自身感受、坚守界限或维护个人权益方面，你不需要道歉（必要时，请重温第 5 章）。

需要道歉的情况有哪些呢？

- 当你用不礼貌、不恰当的方式对待他人时。
- 当你在知情或不知情的情况下向某人提供了错误信息时。
- 当你有意或无意地对某人说了谎时。
- 当你的行为与你的信仰、价值观相违背时。
- 当有人告诉你，你已经伤害了他们时。
- 当你冒犯了某人时。
- 当你遗漏了对方有权知道或对他们有利的信息时。

说"对不起"之前，想一想道歉是否真的有必要。当你伤害了某人时，你应该道歉。然而，在生活中的许多情况下，道歉是没必要的，甚至是不恰当的。

在某些场景下，道歉要替换成一种态度的表达。例如，"很抱歉占用了你的时间"可以更大方地说成"谢谢你的耐心"，"很抱歉，我跟你持不同观点"可以说成"感谢你听完我的想法"。当你把道歉重塑为一种表态时，你就会更加自信，也能更好地站稳立场。

说出"我感到"

当需要与某人分享你的担心与感受，或维护自身界限时，将"我"作为主语说出"我感到"是非常有效的传递信息的方式，并能将责备的意味降到最低。这也是许多专门从事婚姻家庭和人际关系方面的咨询师会提供的建议，用"我感到"句式表达自己的想法：

当（某事发生）时我感觉到（某种情绪），因为_____
_____。我认为我们应该（解决方案）。

例如，"当我给你打电话结果好几个星期都无法接通时，我感觉很焦虑，因为我觉得自己好像做错了什么事。我希望我们每周都能联系一次"。

使用"我感到"句式的关键是避免说出代词"你"，否则对方会觉得受到指责并产生防御心理。通过"我感到"句式，你纯粹是在表达自己的需求和期待，对方也能更好地理解你的感受和担忧，你们的对话会更有建设性。如果你担心这段交流会很尴尬，不妨直接把感受说出来："这真的有些尴尬，不过……"这反而能让大家都舒服些。

在说明解决方案时，使用代词"我们"，邀请对方共同采取行动。要让对方知道，问题的解决需要双向奔赴——你们两个人现在是在跟问题对抗，而不是互相对抗。

最后，使用"我感到"句式无法保证对方一定会愿意听完你的想法或与你一起解决问题，但是你已经尽力尝试过了，不愿合作是对方的问题，不是你的问题。

日记素材——提前将"我感到"句式写好

对于你身边的一些人，主动指出他们的问题会令你感到尴尬，你可能还担心他们会对你指手画脚。提前把想说的话写下来有助于减轻你的心理负担。在头脑里选择一位对象，你们相处得比较融洽，但她身上就是有那么一个状况令你无法容忍。例如，你的室友或女友总是把牙膏弄到水槽上。帮忙清理算不上什么大事，但你却因此而感到烦躁，你觉得这事应该让她自己做。首先，问问自己这个诉求是否合理。当然合理，尤其是对于成年人而言，住在同一个屋檐下，她理应维持生活空间的整洁。接下来，用"我感到"句式把

想法写出来。例如，"当看到浴室水槽上的牙膏时，我感到很沮丧，因为我希望水槽是干净的，我不想把牙膏弄到自己身上。每次刷完牙之后，我们各自迅速把水槽清理干净，怎么样？"

现在轮到你了！写出一些帮助你解决人际关系问题的"我感到"句式。有时候人们搞不清到底是什么在困扰着自己，用这样的步骤把想法写下来、说出来，反而能找到问题所在。你可以邀请一位值得信赖的朋友或亲戚进行角色扮演，排练、调整你的沟通方式，等到跟对方真正说出来的时候就会更加适应了。

看清自身的防御心理

当有人指出你的行为对她构成困扰时，你一定难以接受。而更可怕的则是有毒之人一直在贬低你，令你无地自容。有时她的一句批评就会击垮你的全部自信。造成这一切的原因是，你从有毒之人那里得到的只有批评，别无其他。

这种感受依旧是正常的。你正朝着治愈自己的方向迈进，许多外部因素在你眼中都可能存在危险——当你自身的情感很脆弱的时候，想要将自己保护起来就是很自然的反应了。不过你要知道，并非每个人都是有毒的。虽然你一度产生过这样的想法，但是你一定可以遇到情绪健康的人。情绪健康的人也会向朋友和亲人说出自己的担忧，公开地处理问题和冲突，但他们的目的在于解决问题，而不是制造仇恨。公开的沟通（透明但不粗暴）能让人走出舒适区，得到成长。

有人在乎你，愿意用一种成熟的方式跟你交流，这是一件好事，当然前提是对方保持善良和礼貌。这样的批评会更有建设性。例如，情绪健康的人会这样同你交流："你今天早上说话的语气让我感到不舒服。我们可以谈一谈吗？"

而如果你有防御心理，你可能会说："我不知道你在说什么，"或"不要，我们没什么好谈的。"相反，健康的回应是："很抱歉让你难受——好的，我们谈谈吧。"要知道，即使你不认同某人的感受，他也有权表达自己的感受。

> **快速核查表：常见的心理防御机制有哪些？**
>
> 阅读下列陈述，并根据自己的情况回答"是"或"否"。
>
> 1. 当有人告诉我，我让他们不高兴时，我会自动觉得他们无权这样做。
>
> 2. 收到建设性的批评时，我心里想的是：这个人是个

混蛋。

3. 在别人告诉我他们对我不满之后，我怀恨在心。

4. 我避开其他人，这样他们就没机会批评我了。

5. 我曾在收到建设性的批评后退出某项工作或活动。

6. 面对批评，我会大喊大叫。

7. 在有人对我提出异议后，我会摔门离去或落荒而逃。

8. 在对方向我说明担忧后，我会在背后讲他坏话。

9. 当我收到批评时，我立刻哭了起来。

10. 当有人向我质疑时，我会拿这个问题开玩笑。

如果你对这些陈述中的一个或多个回答为"是"，你可能正在使用心理防御机制来保护自己。如果你需要外界帮助来克服对建设性批评的恐惧或愤怒，请与心理咨询师聊一聊。她或许会跟你进行一些对话的角色扮演，这样你就可以在一个中立的环境中练习接受批评。

拥有自己的"后援团"

有毒的关系会将你孤立起来，使你无法与家人、朋友联系，也就没有人能做你的坚实后盾。在生活中遇到问题的时候，你必须要有可以倾诉的对象（每个人都需要！）。

即使不爱或不想与人社交，在你的生活中至少要有一个人能跟你一起探讨各种想法和担忧。理想的倾诉对象是你可以在任何时候打电话给他的人，包括在凌晨 3 点钟对你进行"紧急救援"（记得当对方有需要的时候也要随时站出来）。

这个"后援团"或许一直存在，只是由于你被孤立而没有意识到。想一想，在工作中、邻里之间、网络上，你是否有过向某人求助的经历？你并非孤立无援。把这些人写在一份名单上，当你需要倾诉时，就可以去找他们。如果实在无法确定"后援团"的人选，那也没关系。可以从那些愿意支持你，而且擅长倾听的人开始尝试。

日记素材——发现你的"后援团"

就像本章开头的朱尔斯一样，你现在可能觉得外面没有人会支持自己。然而，你的人际网络可能超出你的想象。拿出一大张纸，画出靶心和三个同心圆。在圆心处，写下你可以随时联系的人。在第二个圆圈里，写下那些你可以在白天联络的对象，或许你对他们还不够了解，或许他们不方便在夜间接听电话。在最外面的圆圈，列出一些熟人——你会在商店、社区遇到他们，你们之间算不上"朋友"，但你很喜欢他们。现在回头数一数你写下的人的数量。把这张纸拍下

来放在手机上。当你感到孤独或需要与外界接触时，打开看一看。请考虑跟外圈的某些熟人加深关系，并努力与内圈的人保持健康的关系。你也可以把这些名字备份到日记中。

放下对结果的执着

关于重建关系的最后一条建议：请你放下对结果的执着。也就是说，不要给自己（和他人）施加压力，强行恢复往来。无论你们是否重归于好，你都能从这段经历中学到许多。

例如，你可能发现，闭关许久的自己迅速适应了外面世界的节奏。你可能找回了自信，走出了自己的舒适区。点滴的成功会带来更多的成功。对方做出的回应无法阻止你跟其他人继续接触的脚步。最重要的是你付出了努力，这值得你为自己骄傲。

在这一章，我们探讨了为什么与其他人重新建立联系是自我疗愈的必要条件。施虐者通过将你与家人、朋友分开，来获得对你的控制。然而，你可以跟他们恢复联络，也可以建立新的关系。你学会了如何处理重建关系过程中的焦虑感和恐惧感，还发现了认识新朋友的方法，特别是当你意识到自己正在与有毒之人为伴的时候。

拥有自己的"后援团"是至关重要的，在应对悲伤和失落的感觉时，他人的支持会非常有帮助。下一章我们就来聊聊这些感觉。

第 9 章

告别感伤

如何放下遗憾，治愈自己

当人们离开一段有毒的关系时，最先感觉到的是彻底的解脱——终于自由了。但是，伴随着任何关系的结束，悲伤接踵而至。

对一段健康的关系来说，悲伤尚且难以消化。倘若再加上一个有毒之人，必定会更加煎熬。悲伤也可能是令人困惑的，因为你已经做出了正确的决定，把这个人从你的生活中剔除，但你仍然心烦意乱。悲伤的你可能会感觉到各种情绪，有些甚至会同时出现。解脱、沮丧、生气、愤怒、焦虑、恍惚和伤感都是完全正常的。

你的郁闷伤感是由复杂的因素导致的。尽管对方"作恶多端"，但你还是会想爱他，依赖他。这并不意味着你有错，这只说明你有着人类真实的情感，面对失去会不知所措。同时，你悲痛的不仅仅是关系的中断，还有自己的识人不善。有毒之人可以用一种非常熟练的方式隐藏其本性。当你们走到一起时，他才开始展示真实的自我，当他第一次摘下虚伪的面具时，你受到巨大冲击。

令你伤感的其他原因是：自己要在余生中与一个高冲突人格者共同抚养孩子。你或许已经辞去了工作，虽然你曾经为它拼上一切，但有毒的职场迫使你离开。如果你为了心理健康需要斩断与原生家庭的联系，你将在一瞬间失去许多。你可能要同时面临多个转折点。

你还可能在缅怀过去的自己时郁闷伤感。在遇到他（或她）之前，或者在你们的友谊变质之前，你可能笑得更多，心态也更平和。你还能变回原来的样子，甚至变得更好吗？答案是肯定的。但这确实需要时间。

按照自己的节奏走

你可能想尽快告别悲伤，因为这滋味属实不好受。然而，悲伤的有趣之处在于——你越试图摆脱它，它就越能将你裹挟。

有人将它比作海浪。一开始你不断被大浪击打，然后随着岁月的增长，波浪越来越小，你被掀翻在地的时间也越来越短。但每隔一段时间，又会有悲伤的巨浪袭来。当你跟前任或老上司偶遇，或是看了一个节目，让你联想到那段有毒的关系，一波巨大的悲伤浪潮就会出现。如果那个有毒之人已经离世，死亡是她给你的结局，但你在生活中仍然会想起她，你甚至不清楚是什么触发了那段记忆。请记住，从悲痛和失落中愈合是一个持续的过程。

悲伤不会按计划消失。但凡有人为你进行规划，要求你"心情好转"或重新去约会，都说明他们无法感同身受。他们也可能会说，现在就开始约会还为时过早，或者你已经悲伤得"够久了"——不要让任何人评判或催促你，只有你知道什么是适合自己的。

你可能需要与悲伤同行，或是通过聊天来缓解自己的痛苦。一旦应对不当，悲伤会诱发成瘾等不健康行为。与心理健康专家交谈是不错的方式，他们可以引导你学会调整心态。如果你从未尝试过，请重温第 6 章，我在其中概述了如何寻找心理咨询师以及如何支付治疗费用。如果你正在经历内心的煎熬，向心理医生求助是对自己最好的投资。

库伯勒 - 罗斯的悲伤五阶段

你可能听说过悲伤的五个阶段：否认、挣扎、愤怒、

消沉和接受。这是精神病学家伊丽莎白·库伯勒－罗斯
（Elisabeth Kübler–Ross）在 20 世纪 60 年代末提出的悲伤模
型，在目前的流行文化中经常被引用。当你遭遇任何损失
时，上述悲伤模型都适用。例如，分手、死亡、美梦破碎、
健康状况恶化等。虽然我们通常认为这些阶段组成了一个线
性的过程，但你不一定按照任何特定的顺序经历它们——而
且你可能同时处于不止一个阶段。你甚至可能跳过某些阶段，
或者回归到某些阶段。"五阶段悲伤模型"可以为我们提供一
个框架，它告诉我们：虽然每个人的悲伤体验都是独一无二
的，但悲伤的过程存在某种共性。世界上的每个人都会在某
些时刻经历悲痛——希望这一点可以让你感到不那么孤独。

否认

你无法相信这件事真的发生了。如果有毒之人提出分
手，当你被告知一切时，可能会瞬间愣住，心神恍惚。你的
大脑会短暂停止工作。如果你主动终止了这段关系，驾车离
开时，你可能会欣喜若狂，几乎感觉不到内疚或悔恨。

挣扎

你无比希望回到这段关系，愿意为此牺牲一切。你会祈
求神明，如果以前的朋友或恋人能回到你身边，你会用 × ×
来交换。你可能愿意放弃这份新的工作，只要能回到之前的

关系。

愤怒

在悲伤的同时，你会对自己、前任、朋友或家人感到愤怒。为什么自己要在那样的状况下忍气吞声？为什么自己会受到恶劣、不公平的对待？为什么没有站出来反抗（即使当初说出来可能导致受伤）？你可能还会对鼓励你离开这段关系的家人和朋友感到气愤。

消沉

你可能一直躲在床上，或对过去能吸引你的事物提不起兴趣。抑郁跟悲伤并不相同——抑郁可能会压制你的各种感觉，令你麻木、绝望。

在抑郁之中，有些人可能会想要伤害或杀死自己。如果你也产生此类倾向，请联系心理健康专家。

接受

你接受了关系结束的事实。你进入生活的新常态，知道自己最终会好起来，也会逐渐找回自我。虽然"接受"看似为你的悲伤画上句号，但这并不意味着你完全摆脱了悲伤，而且你仍有可能再回到之前的阶段——这都是正常的。成长和进步都会相继而至。

复杂性悲伤

悲伤的五个阶段以"接受"为结束，以拥抱"新常态"通往新生活。然而，如果哀伤的感觉并没有逐步减轻或消失，而是继续啃噬着你，让你再无心力开展正常的生活，怎么办？这就是心理健康专家所说的"复杂性悲伤"，它会发生在少部分的哀伤者之中（大约 7% 至 10%）。复杂性悲伤大大超出了常规哀伤反应所持续的时间。它对于大脑的作用有些类似于人们对突然戒掉成瘾物质的反应。[1]

很多时候，遭遇有毒关系重创的人容易产生复杂性悲伤。正如我们在前面章节所讨论的那样，有毒之人可能仍在试图让你回心转意，这不利于你的恢复。复杂性悲伤可能具有如下症状：

- 过度担心。
- 强迫性思维。
- 避免去到令你伤心的地方。
- 借助药物或其他成瘾行为来避免悲痛的感觉。
- 情绪波动。
- 压抑自身情绪。
- 无法接受"失去"（或损失）。

- 难以进行自我关怀或保持个人卫生。

- 无法想象没有对方在场的生活或未来。

- 深深的愤怒。

- 日常活动难以正常开展。

- 产生自杀的念头。

某些因素会增加复杂性悲伤的风险。例如，抑郁症、焦虑症、药物滥用、身体健康问题、对他人过度依赖、负罪感、认为自己缺乏社会支持、家庭冲突等。[2] 如果你对自己有负面看法，并且与你失去的人有敌对或冲突关系，你就更有可能经历复杂性悲伤——总之，有毒的关系就其性质而言可以使你更容易受到影响。[3]

如果你长期感受到强烈的痛苦情绪或社会功能受损，请与心理健康专家交流（复习相关内容，请阅读第 6 章）。

> "家人都不肯承认虐待过我，我必须跟他们切断联络，最初这种悲伤和失落好像没什么特别之处。但后来情况急转直下，我感到异常虚弱。我好几天都没有吃饭，心痛得要死。幸亏好朋友发现了我的不对劲，他建议我向专业人士求助。"
>
> ——维克托，40 岁

模糊的丧失

如果你因为家人或朋友的有毒的行为而不得不与之断绝关系，伤感的情绪也将由他们引起——只要他们还活着，结局就是开放的，你的伤感就看不到尽头。当人们经历不是因为死亡而产生的悲伤时，这被称为模糊的丧失。

模糊意味着模棱两可，你可能会陷入一种迷茫。对方还生活在这个世界的某个角落，所以你可能坚信他们有一天会回到你身边，或者情况会有所改变。再者，即使你不想再见到他们，你们可能仍要碰面，因为要一起工作或共同抚养子女。这会让伤感来得更为复杂，要最终接受这段关系的结束并继续自己的生活会更加困难。

正如第 3 章所提到的，有时你需要自己做个了结，或是看清圆满结局不会到来的事实。建议你借助下面的日记素材来消化自己的经历并找到一些平静的感受。

> "我们两天就会碰见一次，我怎么能得到任何形式的治愈呢？"
>
> ——钱德拉，28 岁

> ## 日记素材——创造你自己的结局
>
> 当你在一段关系或一种场景中没有得到想要或需要的结局时，你可以创造一个新的结局。写下有毒关系的细节，包括它是如何结束的。然后，把后面的叙事补充出来。有毒的关系不复存在，你现在打算做什么？曾经一门心思地预测对方想要什么，现在你有了更多自己的时间，你要把时间投入到哪里？你将如何从这段经历中获得成长？也许你可以去一些地方旅行，或者做一些有毒之人此前禁止你参与的活动。历经磨难之后，你有不止一种方式成为更好的自己，把所有能想到的方式都写出来。

有毒之人已不在人世

杰西从小和三个姐妹一起长大，母亲会默许她们明争暗斗。由于在学校的不良表现，杰西是家人眼中不折不扣的"坏孩子"，她在家经常被母亲责罚，但其他姐妹收到的则是礼物和称赞。

某次圣诞节，杰西兴奋地跑下楼，到圣诞树下找礼物。令她震惊的是，她什么都没有收到，而姐妹们似乎得到了比平时更多的礼物。杰西哭了起来。"别哭了，"母亲冷冷地说，"你一直这么差劲，怎么还期待有礼物？"这句话一直在杰西脑中挥之不去。

长大成人的杰西与母亲和姐妹们的联系越来越少。在心理治疗师的帮助下，杰西意识到母亲的虐待不是自己的错。在她 20 岁出头的时候，她终于切断了与家人的所有交流。

五年后，她接到一个陌生号码的来电。打电话的是杰西的一个姐姐。姐姐说，母亲就快不行了，这是杰西"献上孝心最后的机会"。

杰西瞬间感觉自己又被代入了"坏孩子"的角色中。她很矛盾——她既希望与母亲和姐妹们再无瓜葛，又渴望这段孽缘能够有个更圆满的解决。最终，杰西决定回去一趟，跟母亲告别。

杰西进入病房，母亲的样子令她震惊。那个高大威严的形象不见了，母亲变得很瘦小，蜷缩在床上。杰西屏住呼吸，心里还想着母亲是否会为她的虐待行为道歉。然而，母亲只是扫了她一眼，冷笑道："你大驾光临，真是太让我们开心了。"杰西待了半个小时，她再也无法忍受任何带刺的评论。她很生气，又很挫败，便开车离开了医院，直接回了家。

那一周杰西预约了心理治疗师，她哭得很伤心。心理治疗师说："杰西，即使这一切没有按照你想要的方式发展，你也付出过努力了。你做了你认为正确的事。恕我直言，厄运并不会让卑鄙的人变得更好。"她还告诉杰西，惨痛的成长经历没有阻碍她成为一个勇敢、健康、独立的女人。

杰西没有参加母亲的葬礼，而是踏上了一次酝酿许久的旅行。曾经的伤痕还在，但她内心很平静。

像杰西一样，你那位有毒的亲人或伴侣也可能已经逝世了，留下你在原地纠结不已。你觉得自己失去了许多，但是跟其他人的丧亲、丧偶之痛又不同，因为他们失去的是一位情绪健康的人。你本该拥有这样一个美好的人，真正地爱你，给予你支持——这同样让你伤感。对去世的有毒之人产生矛盾的感觉是正常的。你可能会感到愤怒、解脱、悲伤、失望、狂喜，以及更多不同的感受，有些甚至是同时出现的。你可能会怀念曾经的好时光，头脑中又同步浮现出那些你宁愿完全抹去的记忆。为了妥善整理好这一切，请在日记里吐露心声或找朋友谈论你与那个人的经历，如果能向心理健康专家倾诉就更好了。你越是通过谈话、写作或以其他方式来抒发自己的感受，就越不容易发展出复杂性悲伤。

> "有人安慰我说：'母亲去了一个更好的地方'。母亲将我的生活变成地狱，我不希望她去到更好的地方。但是，我又没法告诉别人，我为她的离世感到开心。"
>
> ——琼，22 岁

> ### 日记素材——处理对已故朋友或家人的情感
>
> 你是否感到愤怒、悲伤、失望或欣慰？还是说以上皆有？写下你此刻的感受，越多越好。写作时，不要对自己进行评判；给你带来痛苦的人去世时，你有任何感觉都是合理的。在你消解内心悲伤的过程中，找机会再次以此为题撰写日记。如果你觉得自己深陷伤痛之中，没有任何好转，请回顾一下几周或几个月前写下的内容。你会看到自己的成长。

> ### 日记素材——写信给逝者
>
> 既然无法当面告诉有毒之人对你的生活产生了怎样的影响，不妨用写信的方式表达自己。给对方写下你对她的印象、她如何影响你的生活以及你对周围世界的看法——任何你至今仍然想对她说的话都可以。再写下你如何从她遗留下来的不健康行为中痊愈。你可以把这封信保留在日记里，在处理悲伤情绪的过程中回顾它；或者你也可以象征性地把它撕碎、扔掉或烧掉。

为辞去工作而伤感

如果由于职场上的有毒之人你被迫辞去工作，你可能为此放弃了步步高升的机会。就算离职有助于减轻身心压力，你仍然面临着损失。他人的行为导致你放弃了来之不易的机会，这是不公平的。

但为了走出伤感，最好着手寻找新的就业机会。与过去相处融洽的合作伙伴取得联系，看看他们的公司是否正在招聘。走上新岗位之前，向公司的前员工和现员工打探情况。有些人离开了有毒的工作环境，开始自立门户，甚至成为前公司的竞争对手。请查看之前的劳务合同中是否包含竞业禁止条款。如果你不确定自己能否在与前公司存在竞争关系的公司中就业，请向律师咨询。

你还可以考虑转换领域，改变赛道。职业顾问也是一种有执照的心理健康专家，他们能帮助你更好地发现适合自己的职业，并陪伴你度过这段低谷——你们可以一起谈论工作对幸福感和自尊心的影响，以及过去的生活事件对你职业选择的影响。预约职业顾问进行面谈或线上咨询都是可以的，两种形式同样有效。[4]你还可能打算加入某些支持小组；询问职业顾问是否知道一些专门针对经历过有毒工作环境的人建立的团体。如果你寻求职业顾问的帮助，要注意区分他们与职业教练的不同。职业教练可以为你润色简历、模拟面试，但他们不是持有执照的心理健康专家，因而在疏导悲伤情绪方面未接受过专门训练。

"我以为自己加入了一份伟大的事业，结果我得到了一个折磨我的老板。这里毫无公正可言。我必须离开。"

——玛丽塞拉，35岁

日记素材——回顾你的有毒工作经历

写下你在有毒工作场所的经历也是有好处的。将创伤写出来可以帮助我们处理它们，并最终将它们摆脱。书面记录无法让过去的事件从你的记忆中消失，但它可以减少不愉快记忆所制造的噪音，让一切更加可控。

你也可以写下自己喜欢当前工作的哪些方面，筛选未来的求职方向。也许你的老板是"垃圾"，但团队里的同事还不错。也许你的一位同事颇具破坏性，但你觉得这家公司与你的价值观很匹配。还要写下你从这段经历中所学到的东西。如果你预约了职业顾问，请考虑跟他分享你所写的内容，方便他更好地提供服务。

为养育子女而伤感

当你需要与一个高冲突人格者共同抚养孩子时，你可能会经历多种程度的悲痛和压力。你本以为自己能拥有健康、正常的夫妻关系。前配偶却变成了你眼中的陌生人——跟最初你认识她的样子截然不同。你也会觉得自己的孩子值得收获正常家庭的关爱。你不只对前配偶感到愤怒，对自己也一样。如果你始终难以原谅自己，请回顾第4章的内容。

虽然承认这一点会有点困难，但你很可能也在为和这个人生儿育女而感到悲伤。许多人都会后悔成为父母——他们不敢轻易触碰这个话题，因为害怕自己看起来像是不称职的"坏父母"或被他人指责。极少有人公开谈论这件事，但或许我们应该正视它。你是被迫陷入了要跟前任共同抚养子女的境地，并为此承受难以想象的压力，这未必是你选择的。因此，你有权表达自己的矛盾感受，包括那些可怕的感受。

暗自伤感既会影响到你与前配偶的关系，也不利于你跟孩子的相处。你可能需要预约专门处理与高冲突人格者共同抚养子女问题的心理健康专家进行咨询。他们会帮助你更好地应对层出不穷的问题。

在此基础上，家庭协调员也能从旁协助。相关内容请参考第1章和第5章。

> "早知如此，当初就不该跟他见面约会。现在我一辈子都要跟他纠缠了。"
>
> ——玛丽埃尔，40岁

快速核查表：与高度冲突人格者共同抚养子女

阅读以下陈述，结合自身情况，回答"是"或"否"。

1. 我对孩子感到愤愤不平。

2. 我经常对前配偶感到愤怒。

3. 跟前配偶打完交道，我质疑自己为人父母的能力。

4. 我希望前配偶从人间蒸发。

5. 我发现自己不希望孩子跟前配偶见面。

6. 我与前配偶的大多数互动都以争吵收场。

7. 我认为前配偶在骚扰我。

8. 前配偶拒绝向我支付孩子的抚养费。

9. 我觉得前配偶总在试图违背孩子的养育方案。

10. 我很难不在孩子面前说前配偶的坏话。

如果你对上述任何一项的回答是肯定的，请考虑寻求心理健康专家和家庭协调员的指导。面对高冲突人格者，许多人都体会过类似的，甚至更为强烈的感受。在这样的困境下寻求外界支持，将为你和孩子赢得更稳定的局面，令你们不再畏惧有毒之人的出格举动。

平稳度过悲痛期

除了向治疗师倾诉内心，你还可以积极为自己创设适宜环境，缓解悲伤情绪。例如，向朋友寻求安慰，同时尽力确保自身的需求得到满足。

让别人知道你的心情

内心煎熬时，要让你信任的朋友和家人知道。如果脱离有毒关系的你正在努力跟其他人重新建立联系，可以重温前一章的建议。在你悲伤的时候，身边尤其需要情绪健康的人。把自己的需求告诉他们：是否需要找人倾诉，要不要帮忙出主意，还是说留出时间独自思考。如果你不知道自己需要什么，也可以如实告诉身边的人。沉浸在伤感里的你可能确实想不出自己想要什么。

让朋友和家人知道，除非你主动提议，其他人不可以谈论那个有毒之人，因为聊到他会拖慢你的康复进程。提前把这些禁忌进行说明，可以防止别人口无遮拦，发表恶意评论。

在你悲伤的时候，有时人们会对你说一些愚蠢的话，主要是因为他们也可能手足无措。或许他们是出于善意，但那些话仍然会刺痛你。你正痛心疾首，他们碰巧又揭开你的伤疤，加重你的痛苦。

有时，你很难分辨对方的发言是出于好心，还是恶意。建议回顾一下这个人的行为模式。她过去是否说过无礼、残忍或不知轻重的话？如果答案是肯定的，那她可能是一位有毒之人，需要与她保持距离，你也不必专门同她告别。如果她一直都在为你的幸福着想，那么可以告诉她："我知道你很想帮忙。但是在我伤心的时候指挥我该做什么、不该做什么，会让我更难受。我现在需要的只是有人倾听。"将自己的心情主动表达出来，你和你的家人、朋友就都能聚焦在如何帮助你从此时此地走出去。

保持健康的界限

维持边界感对处于悲伤阶段的你尤为重要。许多离开有毒环境的人都会觉得自己缺少原则和界限，或许你也得出了类似的结论。但你身上的界限其实一直存在——它们只是在某种特殊的关系或情况下被隐藏了。找回界限的最好方法就是适时说"不"，而且"不"字本身就构成一句完整的话。虽然"感谢你的提议，但是不行"听起来更得体，但你确实不需要解释拒绝背后的原因。更多关于重新设立界限的建议，请阅读第 5 章。

将自我关怀置于首位

内心煎熬时，多花点时间照顾自己，尤其要关注身体、情感的健康。当你有充足的时间去运动、去睡觉时，你将获得更好的身体状态，这会提升你的精神和情绪状态。锻炼身体有助于减轻可能引发严重抑郁症的炎症和神经炎症。[5] 反之，焦虑和创伤后应激障碍则会提高睡眠崩解的发生率。[6]

要像对待你最好的朋友一样对待自己——这种自我同情的做法可以把原本艰难的一天变得更容易一些，在需要休息的时候停一停，给自己更多动力向前推进。如有必要，请回到第 7 章，查看更多有关自我关怀的建议。

除了锻炼身体，还可以考虑加入支持小组、参与心理咨询或写日记。许多人发现，动手创造一些东西有助于平复心情，木工、绘画等都值得尝试。有时你需要的只是搞清自己的感受，然后才能从容应对。悲伤不断袭来时，提醒自己，尽管这种感觉很糟糕，但它们都是暂时的。这一切终会过去。

融入他人

当你不再一味地悲伤，生活慢慢恢复平衡时，为你所信赖的团体或事业提供志愿服务也是融入他人的好方法。让自己忙起来（在健康的范围内）不仅可以帮助你消解悲伤，还

可以帮助你重建社交网络，看见生活中的美好，发现生活的
意义和目的。

任何形式的失去都将带来伤感。然而，当这牵涉到不健
康的关系或状况时，悲痛会来得更为复杂和强烈。虽然接受
损失、承认现实是你的最终目标，但面对一个有毒之人，一
个活跃在你身边的有毒之人，你会始终耿耿于怀。在这一
章，我们探讨了悲伤情绪的应对策略，目的是帮助你重新感
觉到自己的存在。当你觉得准备好了，担任志愿者可以令你
重燃对生活意义的思考。在下一章，我将说明志愿服务的价
值，并就如何从事志愿服务提供相关建议。

第 10 章

志愿服务

在帮助他人的过程中探索生活的意义

在自我疗愈的路上你取得了许多进展。你已经减少（或停止）跟施虐者接触并建立了界限。也许你从心理治疗师那里得到了中肯的建议；你可能跟朋友和家人重新联系，给予他们更多陪伴；你还允许自己慢慢消化内心的伤感，用爱和宽恕对待自己，将自我关怀放在首位。只是，治愈旅程的下一站可能会让你大吃一惊——去做志愿者，真的有用吗？

你可能觉得没有时间或精力做志愿者，尤其是自己现在的状态也没有那么好。但是，为某个社群奉献自己的时间确实是重建生活的好方法。当你处于危机中时，询问他人"我能帮什么忙？"是非常有力量的信号。当你帮助别人时，你也在帮助自己。为什么呢？因为志愿服务将为你的自我疗愈带来诸多助益：它时刻提醒你，你是有价值的，你的生活并非漫无目的。它帮助你回归社群，认识新朋友。它为你点燃生活的激情。而且，从根本上讲，它是一种健康的让你忙起来的方式。

除了探讨这些好处之外，在这一章，你将学习如何寻找志愿服务的机会，以及需要注意的重要事项。

你做好准备了吗

如果你说自己的日程太满，无法抽出时间去服务他人，这一点我非常理解。我们都过着忙碌的生活，而当你悲痛欲绝时，身体和情感都会感到耗竭。一直以来，你都在勉强维持、故作坚强，再要你去扮演"救世主"的角色或许真的很难做到。

然而，同理心和利他主义与应对压力所需的复原力密切相关。建立对他人的同情可以帮助你加强内在力量。[1] 更重要的是，坚强的你既然能顶住压力，自然就更有可能对他人伸出援手。利他主义指的是帮助他人而不期望得到任何回报。刻意练习利他主义和同理心可以提高你的复原力和对生活的满意度。

通过志愿服务来培养对他人的同情，有助于我们在自身和所承受的创伤之间构造一个"缓冲区"。[2] 如果有毒的环境让你感到愤世嫉俗，对无力改变这一切而感到失落，那么志愿服务将为你扭转局面——当你在做志愿者时，你会直观地看到自己是如何帮助别人的，而这也会给你带来积极影响。你付出了自己的时间，但你对生活的戾气降低了。[3] 在你陷入有毒的关系或状况之前，你可能非常慷慨大方。但如果有毒的伴侣禁止你从事任何自主活动，你会感到既生气又伤心。如果你本就乐善好施，不能帮助别人便会引起焦虑和抑郁等问题。[4]

值得警惕的是，因为你一度无法掌控自己的时间，现在可能会过度投入。为了不耽误休息以及自我关怀，请你循序渐进地投入到志愿服务中，特别是当你还处在学习重新确立界限的阶段（如有困惑，及时预约心理咨询师并进行自我反思，比如写日记）。

> "跟伙伴们为了一个共同目标而努力，我因此而跳出了生活的不堪。"

——德布拉，56 岁

保持忙碌

志愿服务最根本的作用是给你提供了一个健康、富有成效的方式来保持忙碌，这有助于你的自我疗愈。让你的一天更有秩序和条理可以减少焦虑和抑郁。更重要的是，当你帮助别人时，你自然就没空惆怅自己当前的处境。当你经历创伤后，你倾向于反复咀嚼每个细节，一遍又一遍地想，无法让它们消失。当你忙着帮助他人时，各种困扰就暂时溜走了。把思想从过去中解放出来，即便是暂时的，也能让你更开放地体验新事物、结交新朋友。

正如我在上一章讲到的，取得平衡很重要，这样才能梳理情绪，告别伤感。请客观看待自己参与志愿活动的动机。纯粹是为了保持忙碌、假装充实，以此来逃避痛苦吗？忙碌看似是一种新的生活方式，转移了你的注意力，但是体验内心真实的感受同样很关键。

试着做几个小时的志愿者，看看自己是否适应。如果喜欢，随后可以投入更多的时间。

> "我每天大部分时间都在想我的前夫和他让我经历的事情。成为志愿者后，我发现时间过得更快了，前夫在我的脑海中也不再占据那么多空间了。"
>
> ——雪莉，50 岁

找到生活的目的，重建自我价值

有毒之人竭尽所能地贬低你，让你放弃自己的人生。你也为失去自尊和自我价值而内心挣扎，因为你好像真的无法为自己的幸福负责，更对周围的世界毫无贡献。

参与志愿服务提醒我们——我们确实有价值，而且我们每个人都有很多东西可以给予。即使你觉得自己毫无是处，你也能做出贡献。你的技能和时间都是有价值的，把它们用在美好的事情上吧。当你通过志愿服务为他人提供帮助时，你也开始洞察自己的人生目标。为你的社群或同胞做出贡献，就是找到人生意义的极佳途径。

需要记住的是，脱离有毒环境后，你可能不会立刻重拾自尊，这也是循序渐进的过程。通过志愿服务与他人建立联系是学会独立生活的好方法。你独自做成的事情越多，就越能建立起自尊。这也表明你不仅有能力帮助别人，也有能力帮助自己。你可能会发现，当你做志愿者时，你的整体状态得到提升——不仅是心理上，还有身体上。[5]志愿服务已被证明可以提高自我效能感和自尊心。[6]有了良好的自我感觉，你就有更多的时间和精力来进一步改善自己的生活质量。

如果你已经离开了有毒的工作场所，还在寻觅新的就业机会，那么志愿服务刚好可以填补空白。志愿服务甚至会带来一些意外之喜。它或许会变成帮助你找到新工作的人际网络。志愿服务本身也会成为你简历上的加分项。与其绞尽脑汁向新公司解释这段职场空窗期的来龙去脉，不如用志愿活动来填充。

> "当初跟有毒家庭断绝联系时，我觉得自己一无所成。但现在周围的人都感激我的帮助，我真的感觉很好"。
>
> ——约书亚，26 岁

让自己不再孤立

如前所述，有毒的遭遇会将你置于孤立无援的境地。如果你把自己和周围的人都视为命运的共同体，你可能会更愿意融入社会。当你付出时间和精力时，你其实是在加强自己和身边一切的联系，无论对方是人还是动物。

如果你不希望开展过于广泛的社交，可以谨慎选择志愿者的岗位和工作内容。如果你想慢慢接触社会，可以做一些办公室的工作或是较少涉及面对面接触的工作。随着对周围人信任度的提高，你可以逐步增加面对面的互动。

重要的是，志愿服务让我们知道自己并不孤单。刚从一个有毒的环境中逃离时，你可能觉得自己是唯一经历过那种虐待的人。你甚至会觉得每个人都比你过得好。当你为有需要的人做志愿服务时，你会发现人们都曾遇到困难。不是只有你在承受痛苦。你可能会认为这一点很让人沮丧，但看到其他经历过磨难的人表现出坚韧不拔的精神，这又何尝不是对生命的肯定。

重新发掘兴趣和激情

阿尔玛一直很喜欢做手工缝纫。小时候，祖母就经常带着她做，她对此记忆犹新。缝纫成为阿尔玛表达自己的一种方式，她会定期将作品送给家人和朋友，还为男友利亚姆缝制了一条被子。但二人的关系并不和谐，某次争吵时利亚姆说道，那条被子奇丑无比，一看就是给"老太太用的"，她花在被子上的时间相当于她对这段感情的投入——全都"毫无成果"。阿尔玛在那之后停止了缝纫。一看到缝纫机，她就会想起利亚姆的辱骂。

阿尔玛跟利亚姆分手后，有一天，她走到缝纫机前，打开了防尘布罩。她已经有两年多没碰过它了，这倒很像是跟一位老朋友重逢。之后的每一天，阿尔玛又重新投入到缝纫工作中，找回了她隐藏已久的那部分自己。通过缝纫，她跟家人的联系也更紧密了，因为她想起了与祖母在缝纫机前度过的美好时光。阿尔玛还决定向更多人分享她的缝纫知识。她发现了一个组织，这个组织向那些遭遇过家庭暴力的、希望学习谋生技能的女性传授缝纫技术。这几乎是为阿尔玛量身定制的——她可以分享自己对缝纫的热爱，并帮助更多女性获得技能和独立。最重要的是，她找到了共鸣和一种自豪感，就像很久以前祖母教她一样，她也拥有了自己的学生。

你是否像阿尔玛一样，由于有毒前任、朋友或家人的嘲笑与阻拦，便放弃了自己的兴趣或追求？

是时候找回这些兴趣或探索新的爱好了。你不必对任何人负责，只需充分享受自己的时间。志愿活动能帮你重燃激情或尝试新鲜事物，而且相对来说比较安全。志愿活动还是学习新技能的好机会。如果你成为某个组织的志愿者，将受到良好的培训，以便高效为他人服务。根据你的爱好和技能，选取合适的组织。例如，如果你喜欢动物且擅长写作，可以联系当地的动物救助站，看看他们是否需要帮助，你可以为等待收养的小动物创作文案。

"前夫告诉我，我的爱好很'愚蠢'，占用了我本
该花在他身上的时间，但志愿服务让我认识了更多志同
道合的人。"

——珍妮丝，70 岁

如何参与其中

到现在为止，我希望你能明白为什么我强烈建议你参与
志愿活动——因为它可以帮助你康复和成长。接下来，让我
们来聊一聊该怎么做吧。

参与的方式有很多，而且我认为把时间投入在你真正喜
欢的事情上，并为自己珍视的事业或领域带来改变，这样做
最容易激发满足感。所以，你现在有想法了吗？你的兴趣点
有哪些，例如动物保护？你是否喜欢与某个特定的年龄群体
合作？下面我将为你列举一些参与方式：

- 为学校、收容所、公益食品仓库等募集物资。
- 帮助邻居解决日常需要，例如为年长邻居修剪草坪、
  送孩子上下学、遛狗、在活动中担任摄像师等。
- 献血。
- 在学校做公益助教，或在你擅长的领域开设免费课程。

- 陪伴并协助他人完成实地考察。
- 在图书馆、社区中心、动物救助站、公益食品仓库等场所寻找志愿机会。
- 联系当地相关组织，帮忙照顾或辅导儿童。
- 成为当地博物馆或历史遗址的导游或讲解员。

除了上网搜索提供志愿机会的网站、提交申请，还可以向值得信赖的朋友、家人寻求推荐。

合理安排时间

不加入志愿组织也是可行的，每个人都有不同的方式为社区做贡献（例如，为生病的邻居取快递，或为当地小学捐赠一些手工制品）。尽管如此，加入组织的优势在于提供更便捷的社交机会。如果你决定加入一个组织，看一看他们对志愿者的时间要求，并确保适合自己的日程安排。这同样是设立界限的好机会。你感兴趣的事物是什么？你将如何协调时间，以及你希望每周拿出多少个小时来做志愿服务？

找到一位导师

当你参与志愿服务时，可能会发现有人活出了你想成为的样子，她就是你的榜样。邀请这样的人来做你的导师吧，你会少走许多弯路。你在生活中可能已经有了崇拜的对象，并希望在追逐幸福的道路上得到他们的指导。有一些组织能够根据你的兴趣为你匹配导师。你也可以发动自己的人脉与专业人士取得联系，问她是否愿意传授从业经验，包括志愿服务方面的专业技能。离婚后的埃琳娜就是这么做的。

埃琳娜对于重返职场紧张不已，这不难理解——她的上一份全职工作还是在 20 年前怀上第一个儿子的时候！律师向她推荐了一个公益组织，该组织致力于帮助女性度过生活中的重大转折，回到职场。通过该组织，埃琳娜学会了制作简历，加入了支持小组，还取得了跟自身技能匹配的就业信息。更重要的是，该组织为埃琳娜提供了拥有导师的机会，她可以结合自己的兴趣和工作领域寻找引路人。

埃琳娜希望找到一位正在担任行政管理人员的女性做导师。这是她的老本行，埃琳娜很好奇这份工作在过去的 20 年里发生了怎样的变化。不久之后，一位名叫法蒂姆的行政主管给埃琳娜发来了语音留言，她将负责对埃琳娜进行培训和辅导。埃琳娜心里毫无底气，但未来导师在电话中的热情回应让她感到安心，二人约在法蒂姆的办公室见面。她们谈论了埃琳娜的工作、家庭情况，以及她现在的理想职位。她们还谈到了法蒂姆的工作，法蒂姆带埃琳娜参观了办公室。埃琳娜发现，虽然工作的技术方面有了很大的变化，但这些她都能很快上手。法蒂姆和埃琳娜每个月见面一次，每周通过即时通信软件集中做一次咨询。有导师及时答疑解惑，极大减轻了埃琳娜的顾虑。

如果你最终决定找一份新工作，导师也可以作为你和未来雇主之间的联络人。对跟你兴趣一致或从事类似工作的人进行"影子学习"会非常有帮助。"影子学习"意味着在对方工作或志愿服务期间一直跟随、陪伴着他，以便更好地了解他的工作，并确定你是否愿意从事相同的工作。行动之前应征得对方同意，大多数专业人士对这种学习方式都是了解的。如果你畏惧向他人提出跟随学习的要求，也可以直接列出一些问题请对方解答。

导师还是一面很好的"镜子"，反映出你需要学习的处事方式。请确保你的导师在情绪方面是健康的。你可以观察导师如何与她的老板和团队互动，她是否以尊重、友善的方式说话，同时也建立了健康的界限？她是如何处理冲突的？有一个好榜样是非常宝贵的，尤其是当你在重新学习如何设定健康的界限和自信地与他人互动时。

成为一个倡导者

如果你已经调整好状态，可以去支持和引导其他曾经处于有毒关系中的人，这是将自身的负面经验转化为正面经验的最好方法。成为倡导者，为他人指引方向，你可以这样做：

- 担任支持小组的组长。
- 分享讲述你的经历。
- 通过文章、博客、书籍介绍你的经历。

请记住，在帮助别人之前，你必须妥善解决过去的有毒关系中的问题——最好在心理治疗师的帮助下完成。这是因为如果你没有处理好自己的问题，听到其他人分享他们的故事可能又会触发你的创伤——这叫作"替代性创伤"。

防止替代性创伤的发生

和那些经历过创伤（例如有毒的关系）的人一起工作或参与志愿活动，很容易产生替代性创伤，即听到别人的经历会让自己回味过去的遭遇，这也被称为"继发性创伤应激反应"或"同情疲劳"（即精疲力竭后的淡漠情绪）。你可能会把别人的创伤当作自己的创伤，进而压力水平升高，看待他人和周围世界的方式发生明显变化。任何向受虐者伸出援手的人都可能受到替代性创伤的影响，但如果你自己也曾遭遇创伤，无论是经历过有毒的关系还是遭受过虐待和忽视，你可能更容易受到影响。如果你从事咨询、护理等助人行业，或对他人有强烈的同情心，你也更有可能经历替代性创伤。[7]
替代性创伤的迹象包括：

- 做有关客户创伤的噩梦。

- 愤怒和悲伤无法消退。

- 难以感受到任何情绪（麻木）。

- 对客户的生活状况投入过多的情感。

- 对客户的经历感到内疚和羞愧。

- 难以摆脱对客户的生活和困境产生的强迫性思维。

- 对他人或他人的意图采取质疑和嘲讽的态度。

- 警惕性过高（惊吓过度）。

- 因思考客户的问题而失眠。

- 感到被困住或想逃走。

- 避免独处。

- 寻找逃跑（逃生）路线。

- 认为大多数人都经历过严重创伤。

- 变得孤僻。

- 对当地的犯罪产生夸张的感知。

- 对现实世界或客户境遇感到绝望。

- 将客户遭遇的施虐者形象代入到你的伴侣身上，对他

（她）生气并避免与其接触。

● 对自己的孩子过度保护。

如果在志愿服务或工作期间你怀疑自己经历了替代性创伤，请与志愿服务站点的主管联系。你可能需要缩减工作时间，或暂时换到另一个岗位，减少与经历过创伤的人接触。如果悲惨的回忆开始在头脑中不停闪现或者你又重新体验到曾经的创伤，你所在的组织应提供力所能及的支持，以应对志愿者或员工的创伤复发。如果你效劳的机构没有提供任何支持，可以请他们为你推荐合适的心理医生或咨询中心（请慎重考虑是否继续留在该机构担任志愿者）。无论如何，你都需要缓一缓，先把创伤复发的问题解决好。事实上，在与那些和你一样经历过虐待的人一起工作时，常常会发生这种情况。

注意：你只需要对自己和自己的感受负责。你服务的对象应该在解决自身问题方面付出更多努力。你能做的是提供工具和支持，但你不能代替她修正一切。另外，对于你能控制什么、不能控制什么，以及你能提供多少帮助，也要持现实态度。要多发掘客户实现的细微改变，而不是指望她一下子顿悟，从此焕然一新——否则又是给自己徒增烦恼。

　　与经历过创伤的人共事期间，可以定期与心理健康专家会面。跟心理咨询师讨论自己的创伤性记忆可以帮助你更好地排解烦恼，减轻闪回记忆的折磨。

　　实行积极主动的自我关怀也能预防替代性创伤，所以在做志愿者时一定要重温第 7 章的建议和做法。

　　其他的预防方法还有：与另一位志愿者结成伙伴，同步彼此状态；定期与志愿者们的主管见面，保持信息畅通。此外，建议将你的经历写入日记，适时回顾，查看是否有替代性创伤的迹象。

> "我的终极目标是为那些经历过自恋性虐待的人提
> 供支持。但第一步，我需要和心理治疗师一起整理好我
> 自己。"
>
> ——乔，32 岁

日记素材——追踪职业倦怠的潜在迹象

　　当你在有毒的环境中或与受到创伤的人一起工作时，你可能会经历职业倦怠。那是一种面对生活和工作精疲力竭、绝望透顶的感觉。

　　职业倦怠的各种迹象包括：

- 早上很难起床。

- 一天中大部分时间都有抑郁、愤怒或焦虑的情绪。

- 感觉你没有帮到任何人。

- 失眠或嗜睡（睡得太多）。

- 节食或暴饮暴食。

- 对同事和客户产生不信任甚至是憎恨的感觉。

- 变得愤世嫉俗（认为所有人都无比自私）。

- 感到疲惫不堪。

- 白天持续工作，不肯休息。

- 感觉被孤立或主动将自己与他人隔离开来。

- 想逃跑或逃避。

- 更频繁地生病或慢性病复发。

- 在休闲活动中无法享受快乐。

- 缺少动力。

- 感到绝望，认为事情不会好转。

职业倦怠的迹象在很多时候都难以察觉。建议你每天在日记中写下自己的感受。按照 1—10 分衡量你的目标感和期待值。1 分表示你觉得自己根本没有什么用，生活对你来说也没什么意义；10 分表示你对未来充满希望，你也非常明确自己的生活目的。不同日期的评估在 1—10 分的范围内浮动是正常的——但要格外关注数字持续偏低的阶段，或是从前一天的 1 分变成第二天的 10 分的情况。在极值之间的频繁波动可能是情绪紊乱或不健康的工作环境所致。在周末和月底回顾你的记录。你是否能看出某种模式，是否某项任务或某些人在某个特定的时期倾向于左右你的感觉？注意这些细节，思考能否做出改变。

在公共论坛上说出你的创伤

分享自身经历可以帮助他人，但在涉及前伴侣、朋友、亲戚或工作场所的详细信息时应保持谨慎。最好只是笼统地谈论这段关系或情况，避免提及姓名、地点、时间或外貌特征。

你原本会以为，透露身份信息可以保护或警示其他可能与有毒之人接触的人。然而，发布关于你的前任、朋友或同事的信息，会给他们创造一个纠缠你的理由，这是你希望避免的。如果你在公共论坛上发布自己的经历，有可能诱发法律问题。例如，有毒之人可能会指控你诽谤。如果你有孩子，也需要保护他们的隐私。分享经历时，一个很好的指导原则是问自己："我想让我的孩子们读到这些吗？"即使他们现在看不到，长大后也可能会读到。请咨询律师，确保你所发布的信息不会带来法律纠纷。

此外，有毒之人有可能已经告诉过他的新伴侣、朋友或家人，你是个"疯子"或你的情绪"不稳定"。生活在他周围的人，就算看到了你的建议，也很可能不会听从。他们最终不得不以某种更艰难的方式了解到有毒之人的病态行为。你可能会为这些人感到难过——这种感觉很正常，但这并不意味着你必须要采取行动。你的任务不是为别人解决问题。其实，当你将比较笼统地分享经历时，反而能帮助更多的人，因为当你的帖子不涉及具体细节时，人们会更容易判断他们的境遇是否与你的类似。

为一个健康的组织提供志愿服务

应确保你选择加入的志愿服务组织是符合道德规范的。尽量避免再次陷入有毒的环境，一旦发现某个组织有问题（谁都可能被蒙蔽），你需要精准识别出来，并尽快从中脱离。

可以上网搜索有关资料——谁是该组织的董事会成员？该组织中是否有人因违法行为或不道德行为而遇到麻烦？是否有任何针对该组织的投诉？投诉的结果如何？该组织将筹

集资金的多少用于他们所倡导的事业？

即便组织本身是健康的，你仍然需要留意其中心态健康和不健康的人——像甜蜜炮弹轰炸、挑拨离间这样的行为（参考第 1 章中的描述）可能在任何团体中发生。要相信自己的直觉。如果和某人交谈时感觉有些不对劲，就要重视起来。如果你想去某个地方做志愿者，先看看那里的人是如何互动的，志愿者之间是如何交谈的，该组织的负责人是如何对待下属的，该组织又是如何对待客户的。每个人都应该得到同样的待遇，收获尊重和尊严。如果你听说该组织的成员曾嘲笑或欺负他人，无论是当面还是背后，都请你尽快脱身。你甚至需要举报相关的不道德行为。

察觉异常时，请果断切断与该组织的联系并继续前行。如果你不确定自己看到或听到的情况是否有毒，可以和值得信赖的家人或朋友讨论，听听他们的意见。

> "我查了董事会每个人的背景，也查了志愿者的主管。如果他们之中有人被指控存在骚扰行为，我坚决不会在那里做志愿者。"

——简，34 岁

快速核查表：这个志愿服务组织是健康的吗?

做志愿者时，有必要了解该组织的运作是否一切正常。在重建生活的过程中，你当然希望自己能接触到健康的人以及健康的组织。观察自己所在的志愿服务组织是否有以下情况发生：

1. 如需改变工作时间，你可以提前告知，且不会受到责备或羞辱。

2. 如果你觉得自己的角色或任务不合适，你可以毫无负担地跟该组织沟通。

3. 你相信该组织的核心价值观。

4. 组织的领导者和主管人员尊重志愿者和客户。

5. 该组织的活动是安全的，不会让你感到不适。

6. 在做志愿者之前你接受了该组织的培训。

7. 在工作现场或志愿服务地点，随时可以找到负责人。

8. 该组织会定期进行检查，了解志愿者的情况。

9. 如果时间、地点或场地有变化，你会提前收到通知。

10. 该组织筹集的绝大部分资金都用于帮助其所服务的人群。

你得出肯定回答的选项越多，该组织的运转就越健康。

如果只同意一两个选项，你可能需要转换到一个更健康的组织或机构。

　　付出时间去帮助别人，本质上也是在帮助你自己：这将转移你的注意力，加强你与他人的联系，并提供新的人生目标。你会把自己跟更高尚的事业联系在一起。

　　你可以为那些受到有毒关系影响的人声援。如果你和其他经历过隐性虐待的人一起工作，请避免再次伤害到自己。志愿服务、回报社会的关键依然是确保你被情绪健康的人围绕。在这一章，你也学会了如何识别不健康的组织的迹象。有毒之人和状况可能在任何地方出现，包括那些看似令人钦佩的、以使命为导向的组织。既然你已经在自我疗愈的道路上走了这么远，在下一章，我们将探讨如何识别警示信号，将有毒的状况扼杀在萌芽之中。

第 11 章

预防

如何避开有毒的人和事，让自己拥抱
健康的关系

　　梅可被一段糟糕的关系毒害了 10 年，终于决定开始新
的约会，内心万分紧张。梅可花了几个月的时间让自己振作
起来，她接受了心理治疗，并对自己有了新的认识——她从
未做错任何事，虐待他人在任何时候都是不可取的。但就在
约会现场，梅可犹豫了，她害怕遇到像她的前男友汤玛斯那
样的人。

　　梅可最初是通过婚恋软件跟男性互发消息。这种感觉
很奇怪（一部分原因是在她上次单身时，这类软件都还不存
在）。她给一些人发了信息，但对方要么是想立刻跟她见面，
要么就表现出非常强的控制欲。后来她遇到了迈尔斯，两人
好像一拍即合，他们都喜欢旅游、烹饪和狗。在他们发了几

天信息并通了一次电话后，梅可觉得是时候和他见面了。第一次晚餐约会进行得很顺利，直到迈尔斯因为服务员送错了食物而生气。梅可尴尬得想躲到桌子底下。但她又想：迈尔斯或许也在紧张吧，离开汤玛斯之后的自己有些反应过度了。约会在愉快的氛围下告终，梅可和迈尔斯都期待着再次见到对方。

迈尔斯在第二次约会时迟到了，而且没有打电话或发短信说明原因。梅可既生气又担心。约定时间过了半小时后，他终于出现，说道："当时路上很堵，我不想在车上发短信。"梅可琢磨着，这只是两人的第二次约会，她应该如何诉说这次迟到和失联带给她的感觉呢？撇开迟到不谈，迈尔斯身上有很多令她难以自拔的品质，他善于倾听，他们还有很多共同点。走去停车场的路上，迈尔斯开始向梅可讲述他的创伤性童年。梅可觉得这段谈话来得太突然，信息量也太大了，她说："迈尔斯，我很感激你愿意放心地告诉我你的过去，但我想慢慢了解。"

迈尔斯愣了一下，说："呃，好的，没问题。"他的表情也在一秒之内从痛苦变为快乐的微笑。这样快速切换的情绪让她大吃一惊，梅可想知道她是否错过了其他的预警信号。迈尔斯是有毒的吗？还是说他只是很笨拙？

像梅可一样，自从离开有毒的环境后，你也已经开启了新的生活。现在，你可能很想知道该如何驾驭未来的关系，因为你很清楚有毒之人往往会将善良的人作为侵害目标。

你的同理心和对他人的照顾都是十分宝贵的。向他人敞开心扉绝不是你的错。只是在做这些的时候要增加一层防护。你会生活得比以前更好。

记住有毒关系或状况的征兆

为了更好地治愈自己，做好结交新朋友的准备，有必要了解有毒的人和关系的特征。在你下次遇到某人时，注意潜在的虐待迹象。正如我们在第 1 章所讨论的，几乎每一种有毒关系都在重复一种病态模式——首先把你理想化，然后贬低你的价值，最后抛弃你。

在不健康的关系中，有毒之人往往在一开始就对你进行甜蜜炮弹轰炸。各种"理想化"的迹象包括：

- 她声称从来没有遇到过像你这样的人。
- 她提到自己在过去受到的待遇极差，而你是第一个对她好的人。
- 她对你极尽溢美之词。

- 她在约会阶段或在关系开始时就想尽快同居。

- 你们的兴趣爱好出奇地相似，令人事后想起来不寒而栗（有毒之人在刻意模仿）。

- 你被当场录用，越过了常规的审查程序。

- 她开始模仿你的穿衣风格或举止。

- 她想占据你大部分的空闲时间。

- 初次见面时，她就向你披露自己不堪的过去，理由是"你平易近人"。

迈尔斯向梅可讲述他的动荡童年时，她想起了心理治疗师提到过"创伤倾倒"的概念，即有毒之人过早地将他们的创伤史透漏给别人。本质上，这代表他们没有坚实的界限，但有时人们会误以为这是情感上的亲密，并对有毒之人能够"吐露真心"而感到高兴。这种手段能够帮助有毒之人达成目的——通过揭露秘密加深关系，让别人"依附"于他们。梅可意识到了这一点，并要求迈尔斯慢慢来。许多理想化的行为看似是奉承，实则是在努力占用你越来越多的时间，并将你跟身边的其他人隔绝开来。

一旦有毒之人确定你沦陷了、全情投入了，他就会慢慢进入情感虐待循环的下一步——贬低。曾经的你做什么都对，现在你什么都做不对。有毒之人贬低你的方式包括：

- 对你无法改变的事情指手画脚，例如你的身体或声音。

- 证明你比不上其他人（前任、朋友、家人或其他员工）。

- 指出各种小错误。

- 提起你几个月甚至几年前犯的"错"。

- 破坏你的工作成果。

- 在别人面前嘲弄你。

- 指责你缺席他策划的活动，但未提前通知你活动信息。

- 用搪塞或沉默的方式对待你。

- 在言谈举止中处处显示自己的优越性。

- 在约会或其他活动中迟到或根本不出现。

- 将她的行为归咎于你。

- 利用你的慢性健康问题来嘲笑你或对你不利。

- 告诉你你是个疯子或其他人认为你疯了。

- 挑拨你和朋友、同事或家人的关系，声称他们说了你的坏话（挑拨离间）。

然后，他们会将你丢弃，就像他们进入你的生活一样迅速——这就是抛弃的过程。有毒之人可能会把你当成备胎，当他们的自恋心理需要得到满足时再跟你联络。被有毒之人抛弃的迹象包括：

- 在很长一段时间内表现得冷漠。

- 带你到离家很远的地方，然后丢下你不管。

- 与第三者交往。

- 突然把你从工作岗位上开除。

- 借口被怠慢，直接告诉你不要再回来了。

- 将你的物品搬出你们的住处，并更换门锁。

- 转去搭讪新的目标，例如其他的同事或朋友。

- 将你哄骗回来，只为再度把你抛弃。

当你第一次遇到某人并发现对方将你"理想化"时，可以考虑将它视为预警信号，并停止与此人接触。如果你觉得对方的表现只是有些奇怪，还达不到跟他绝交的程度，那就把他的行为"存档"，留待考察。一旦此人再次做出上述任何行为，请立即结束这段关系，降低接触频率或停止联络，或着手寻找其他工作。

"一开始他对我欲罢不能，两个月后他就告诉我，我是多么愚蠢和疯狂。我自然觉得这都是我的责任。现在我知道他的所有关系都遵循这种模式。"

——德西蕾，60 岁

如果你决定返回

在你离开有毒的关系或环境后，对方可能会阴魂不散，试图跟你重修旧好。一旦你回去，同样的折磨又会上演。

要知道，只要她没有深刻反省（心理咨询师经常会要求来访者这么做），那么她的行为就不会改变。如果你决定恢复联络，请与此人保持一定的距离，除非你看到她洗心革面的证据——与其他人的相处模式是健康的，当某人、某事不符合她的期望时做出成熟的反应，或不会对他人产生过分的期待。其他改变的迹象包括不再旧事重提，并在你第一次说"不"的时候就能接受。改变后的她应该对自己的行为负责，并在适当的时候为过错道歉。

尽管对方会赞扬你，号称"没你不行"，但这一切都不是因为爱你，而是为了权力和控制。即使前任向你承诺，这回一切都变了，他（或她）已经改好了，也不要立刻当真。关系中的暴力，包括情感虐待，总会有升级趋势。要看对方的行为，而不是他说的话。此外，应留意自己的感受。你可能会产生焦虑和恐惧，或是被受虐的闪回记忆所折磨。一般来说，如果你恢复与有毒前任的联系，你会有更大的机会受到严重伤害，甚至失去生命。

如果你决定返回有毒的工作场所，要创造有利条件进行自我保护。避免独自留在办公室，身边应该有尽可能多的同事在场。以书面形式记录自己的担忧，远离有毒的同事，可以搬到其他楼层办公。如果你的上司有毒，要尝试各种手段改变现状。最理想的状况是看到公司层面已经有所行动。例如，公司聘请了组织心理学家，评估公司在企业文化和管理规定等方面需要做出的改变，并能够贯彻执行。看一看董事会或其他层次的负责人是否换成了为他人权益着想的人。健康的工作场所绝不容忍骚扰行为，而且还会有完善的规章制度，迅速处理骚扰和欺凌案件。如果你发现自身利益继续受到侵犯，请考虑向人事部门报告，并开始寻找另一份工作。

"他向我承诺了整个世界，于是我回去了。一周后，事情比以前更糟糕了。"

——亚历克斯，28 岁

快速核查表：你身边的有毒之人改过自新了吗？

如果生活中的某位有毒之人正试图与你重新建立联系，请先回答下列问题：

1.这个人是否对通过心理咨询或其他方式（例如支持小

组）改善自己的行为表现得不情不愿？

2. 这个人是否对她的所作所为承担责任？

3. 这个人是否已经为伤害过你而道歉？

4. 当你向这个人表达忧虑时，他是否真的在听你说话，还是表现出防御性？

5. 这个人是否对于你在这段关系中所缺乏或想要的东西做出承诺，令你难以置信？

6. 这个人是否向你承诺这一次事情会有所不同，却没有提供实际的证据？

7. 这个人是否过分地试图"勾引"你，或是通过不断地发短信、打电话且不打招呼就出现在你家，以此来挽回你？

8. 当你拒绝恢复关系时，对方是否以愤怒的方式来回应，并试图让你感到内疚和羞愧？

9. 这个人是否试图通过你的朋友和家人传递信息来接近你？

10. 你是否封锁了有毒之人的邮箱、电话号码和社交媒体，但他仍能有办法联系你？

你回答"是"的问题越多，这个人不思悔改的可能性就越大。请小心行事，并考虑再次切断联系。

善待自己

如果你有返回的冲动，或者已在着手跟对方复合，记得要进行自我同情。这个人满口的甜言蜜语——谁不想回到一个为你而承诺了一切的人身边呢？拥有自我同情也意味着你每时每刻的首要任务都是照顾好自己，以防又落入有毒且令人窒息的境遇。

如果你已经开始约会新的对象，那就仍有可能遇到有毒之人。你可能会过分谨慎，或无法客观地分析对方的性格。你可能发现自己又爱上了一个不健康的人。约会过程中的自我同情是非常重要的，否则你会因为爱上了另一个不合适的人而责备自己，而不是将它当作一种学习体验。也许你很早就注意到这个人在情感上并不健康，也不适合你，于是你就主动分手了——这就是进步，你应该为自己迈出这一步而感到骄傲。

为更健康的关系建立基础

无论是与恋人、家人、朋友还是同事改善关系，书店里能找到大量提升人际关系的著作。这并不是我写这本书的目的，我想把重点放在你身上，以及你如何治愈自己。当然，与周围的人有健康的互动是充实生活的重要组成部分。那些经历过有毒关系和境遇的人在进入新的关系时，可能特别容易出现一些常见的问题。从这一节开始，我们来探讨如何保护你的情绪、明确你的需要，并学习健康的互动方式，以便你能在未来收获更多健康的关系。

记清你的依恋模式

正如你在第 5 章中读到的，对他人的依恋有不同的模式——安全型、焦虑型、回避型和混乱型。依恋模式将会影响你能否维持一段关系，以及是否会滞留在一个对你不利的环境中。

对于焦虑型依恋者，你可能有被抛弃的恐惧，于是选择留在不健康的人身边，因为你觉得这总好过孤单一人。对于回避型依恋者，你可能会被不健康的人吸引，因为他们也抵制亲密接触，这符合你对保持距离的需要。对于混乱型依恋者，你是焦虑型和回避型的混合体，维持一段关系会变得异常艰难——而有毒之人的理想化行为对你则更有吸引力。

如果你属于安全型依恋模式，你更有可能迅速识别一个人的不健康行为，所以你可以退后一步，评估这种行为是一次性的，还是危险的信号。这并不是说安全型依恋的人总能精准识别出理想化的迹象——隐秘自恋者在一段关系的初期极其擅长隐藏其病态行为，让许多人误以为他们拥有健康的情绪。

如果你还在准备开启新的社交关系，请重温第 5 章的"快速核查表"，确定自己的依恋模式。别忘了，不安全型依恋模式不代表你有错。最重要的是看清自己的依恋模式——然后打破它们，走向安全型依恋模式。

要看对方的本质，而不是潜质

与其他人相处的时候，特别是在约会时，许多人倾向于关注一个人的潜质，而不是对方此刻的状态。尽管发掘一个人的潜质代表着乐观和希望，但你不是维修工厂——试图把一个人塑造成你期望的样子，这不是你的任务，这种行为本身也不健康。一定要看清对方当下的样子。当我们看重一个人的潜质而不是她的现状时，我们可能不自觉地试图"修复"对方。这样做没什么益处，它将为你带来怨恨和失望，而你的朋友或伴侣也会感到沮丧。

> "怀着'爱可以将他感化'的想法，我步入了一段有毒的关系。现在我倒要看看他是否已经努力做出改变，使自己成为一个情绪健康的人。"
>
> ——薇薇，40 岁

> ## 日记素材——现状与潜质
>
> 回想一段你经历过的有毒关系，你是否因为看中了某人的潜质，而不是他当时的状态，才选择留在其中？写下你从这个人身上看到的潜质，然后描述这个人的真实面目。你觉得他最终成为的样子和你想象他成为的样子之间有多大差距？"试图将他改变"这种想法是否阻碍你看清他的本质？能发现他人的潜质是一件好事，但当它影响到你在人际关系中的判断时，应该加以控制。

将你最看重的品质列出来

很多时候，我们知道自己不希望朋友或伴侣表现出哪些品质，却不太清楚我们想要什么。抽出时间将你最看重的一些品质列出来。尽可能做到具体。制定清单时，尽量不要评判或批评自己。你寻找的品质可能包括：

- 与我的孩子（们）相处融洽。

- 喜欢动物。

- 定期进行体检。

- 明智的消费习惯。

- 对我和其他人讲话都很尊重。

- 有幽默感。

- 友善地对待他人。

- 在友谊中平等地给予和索取。

- 坦诚沟通。

- 跟其他人也拥有健康的关系。

- 有健康的边界感并尊重他人的界限。

- 相似的价值观。

尝试将清单上的项目都写成肯定的形式。不要写"不会打断我"，推荐写"能够听我把话说完"；不要写"不会大声吼叫"，建议写"恭敬地对我讲话"。

遇到希望进一步了解的对象时，请查看自己的清单。此外，当你们决定从约会状态步入婚姻殿堂时，你也要读一读这份清单。有时候，爱或迷恋使我们无法进行逻辑思考。回顾自己列出的品质，看一下心仪对象能符合其中的多少项。如果他不符合某些标准，那么评估一下这些项目对你的重要性。有可能他会让你小鹿乱撞，但你们在价值观或幽默感方面不太匹配。谁都不清楚自己的灵魂伴侣将在何时出现。你确实有可能遇到比现任更合适的对象。只是不会有哪个人可以满足你的所有需求。

"我以为这次遇到了今生挚爱，但是核对过我列出
的清单才发现，我的情感战胜了理智。"

——詹姆斯，48 岁

友情以及其他各种关系都应该有取有予。有毒之人倾向
于一味索取，而你则沦落成关系中持续付出的一方。当然，
有些时候"给予"和"索取"可能出现短暂的不平衡。例如
朋友生病了或对方家中突发紧急情况。如果你觉得关系中的
不平衡占据了主体，那就跟对方谈一谈。当你以"这很尴
尬，但是……"来开始一场尴尬的对话时，表达内心的想法
反而会更加容易。如果交流之后问题仍然没有解决，请考虑
缩减你们在一起的时间，或是减少付出。如果直觉告诉你这
段关系不健康，你可能需要跟对方切断联系。

你的这份清单不仅适用于日常社交，也适用于工作场
景。你理想中的职场可能需要满足如下标准：

- 上司态度和蔼，提供积极的反馈。
- 我的提问得到尊重和回复。
- 我知道公司对我的期望是什么。
- 对于上班我满怀期待。
- 提供医疗、居家办公、弹性工作制等福利。

- 我觉得这份工作很有趣。

- 我觉得自己受到雇主的重视。

- 我在为其他人提供帮助。

- 公司的各项准则与员工的预期相符。

- 企业文化与我的价值观一致。

一开始你可能很难对清单上的项目做出全面评估。然而，这份清单代表着你对一份理想工作的期待，这意味着你会更清楚自己的需求和愿望，从而能够警惕职场中的潜在问题。

知道何时展露脆弱

难过、喜悦、悲痛、愤怒……生命中的一些经历或感觉总能触发我们深层次的情感，构成了我们脆弱的一面。我们不会轻易跟陌生人分享此类敏感的经历。它们会让我们感到尴尬或不舒服，也会让我们显得格格不入。

对谁展露出内心脆弱是需要选择的。有毒之人会收集关于你的各种弱点，然后在将来用它们来攻击你——你的伤痛变成了他们击垮你的"弹药"。有毒之人会记住你很久以前告诉他们的事，当他们想让搬弄是非时，就把它们翻出来。比如，你向有毒之人倾诉，自己最担心在工作中不受欢迎，等到你们吵架时，她会对你说："难怪公司里没人喜欢你，你就是个疯子！"

你的新朋友或约会对象是否过早地问你非常私人的问题？类似的问题包括：

- 你最深的恐惧是什么？

- 你最大的遗憾是什么？

- 在你的人生中，你让谁失望透顶？

- 迄今为止，你遭遇过最重大的损失是什么？

谈及这些问题看似意味着你和对方正在步入更为亲密的关系。尤其是当你被对方迷得晕头转向时，可能会马上做出回答。但当你反问这些问题时，有毒之人就会转移话题，或是给出一个模棱两可的虚假答案。

目睹你脆弱一面的人应该担得起这份信任。这并不代表你要将所有人拒之门外——你的感受和恐惧，要在对的时间跟对的人去分享。有时人们认为，不向对方示弱会给其他人留下冷漠无情的印象。这种想法没什么道理。首先你要爱护好自己——不要急着跟对方分享过于私密的信息。

快速核查表：这个人值得信任吗？

想要向某人敞开心扉时，如果你不确定对方是否可靠，请试着回答以下问题：

---

1. 这个人是否表明自己是值得信赖的?

2. 她（或他）是否对我尊重有加?

3. 当别人处于弱势时，他（或她）是否以尊重的态度对待?

4. 这个人从来没有用我分享过的敏感经历来"折磨"我。

5. 这个人理解我的脆弱，并会小心翼翼地呵护我的脆弱。

6. 这个人善待儿童、宠物以及其他的弱势群体。

7. 他（或她）能否真诚地倾听我的意见?

8. 询问我的近况时，这个人是否在倾听我的回答?

9. 我在这个人身边有安全感吗?

10. 我想让我的孩子或父母见到这个人吗?

如果你对上述任何问题的回答为"否"，对方可能是一位有毒之人，请谨慎行事。如果你对大部分问题的回答为"是"，那么对方应该可以信得过。但你仍然要保持谨慎的乐观，直到这个人通过持续的守信行为赢得你的信任。如果你不确定一个人是否值得信任，最好观望一段时间，不要急于泄露个人信息。

打破依赖共生的圈套

当你逃离有毒的关系并开始跟新的对象交往时，很容易陷入依赖共生关系——你可能过于依赖自己的伴侣或身边其他人，通过他们来获得情感的稳定、认同或生活的目的感。此时，你的情绪和行为高度跟对方这根救命稻草绑定。只有他高兴，你才会跟着高兴；如果他不高兴，你的生活就会陷入混乱，因此你试图让他感觉更好。

如果你在依赖共生关系中扮演"助人者"角色，你希望对其他人的感受或问题负责，并愿意牺牲自己的福祉来照顾他们。支持别人和伤害自己满足他人之间是有区别的。例如，朋友得了抑郁症，你可以鼓励她去看心理医生。但是，对方说她只有在你支付咨询费的情况下才肯去——如果你同意，就会把你们两个人都变成受害者。

如果你的伴侣、家人、朋友患有成瘾症，或有未经治疗的精神或身体疾病，你则更有可能落入依赖共生的陷阱。当对方不采取积极措施解决自身问题时，爱他的人——也就是你，便会试图"代劳"。我在此重申：修复任何人都不是你的责任，试图代替对方解决他的问题会给双方带来仇怨。对方必须有意愿做出改变，我们能做的非常有限。

如果你选择与一个拒绝为自身问题负责的人继续相处，请尽量在情感上做到疏离——你可以支持那些在困境中挣扎的人，但你会优先考虑自我关怀以及自己的心理健康。你仍然可以关心他，鼓励他去寻求帮助，但你不会对他做出的选择负责。在他的病态行为和你的幸福生活之间，你应划分明确的界限。

　　"'我不会再为了让你取暖而燃烧自己了，'我真的很喜欢这句话。"

——迪亚戈，36 岁

> 　　**快速核查表：这是一段依赖共生的关系吗？**
> 阅读下列陈述，看一看自己是否同意。
>
> 1. 我把自己的感受建立在别人的感受之上。
> 2. 我发现自己忽略了自己的需求，转而专注于另一个人的需求。
> 3. 我对这句话颇有共鸣，"燃烧自己，温暖他人"。
> 4. 我熬夜是为了确保这个人没有喝酒或吸毒。
> 5. 我曾帮助一个人戒除成瘾，尽管他偷了我的东西或给我造成伤害。

6. 我觉得我拥有幸福的唯一机会就是和这个人在一起。

7. 无论发生什么，我都会留在这段关系中。

8. 当这个人出现有毒的行为时，我为他找借口。

9. 我已经开始通过药物或其他成瘾行为来应对这段关系带来的压力。

10. 我不惜一切代价避免同这个人发生冲突。

如果你认同这些陈述中的一个或多个，你可能正处于一段依赖共生的关系中。请向心理健康专家咨询，了解依赖共生的内涵并学习设定健康的界限。关于如何找到适合自己的心理咨询师，请重温第 6 章。

日记素材——直面依赖共生

在过往的家庭、职场或朋友关系中，你可能严重被对方拖累。花点时间记录依赖共生关系出现的迹象。详细写出当你试图补偿某人的有毒行为时，你产生的感觉或想法。例如，生活中的某位有毒之人无法妥善管理愤怒情绪，你可能养成了替他道歉的习惯，或曾试图撮合他与身边朋友的关系。

接下来，写下目前你对生活中的人的期望。延续上面的例子，你可能希望对方能够控制好愤怒的情绪。如果他情绪失控，你期望他自己能有意识地努力改善。

如果这位新朋友又出现了不当行为，写下你将会做什么、不会做什么——如果你在意的人突然暴怒，你不会安抚他或出面道歉。你将从情感上与之解绑，让他自己解决由愤怒引发的人际关系问题。

当我们直面曾经的病态共生关系时，我们就会更清楚依赖行为何时再次潜入生活中。但这一次，我们将立刻采取行动，扭转被动局面。

确保这是一段双向奔赴的关系

如果你觉得自己为了维持一段关系付出了相当多的努力，或者为了这段关系而牺牲了自己的一部分生活，请冷静地想一想，你的状态是否健康。过分地照顾伴侣、家人或朋友，这可能是依赖共生的迹象。

快速核查表：你是否在一段关系中投入了太多的精力？

浏览下列问题，根据自身情况回答"是"或"否"。

1. 在大部分情况下是否由你主动发起联系（发短信息、打电话等）？

2. 为了适应伴侣、朋友或家人在最后一刻做出的计划变更，你是否觉得自己有义务为此牺牲原有的安排？

3. 伴侣、朋友、家人或同事是否告诉过你，你应该更包容、更配合？

4. 伴侣是否在最后一刻改变对你的承诺？

5. 你是否会询问伴侣的感受，但他（或她）却不过问你的感受？

6. 你的电话和信息是否很少被回应，或在很长时间后才被回应？

7. 你的朋友和家人是否会评论你在这段关系中所付出的努力似乎比你的伴侣更多？

8. 这个人是否在毫无理由的情况下很晚回家，或者无故出现在你的办公室或家里？

9. 这个人是否向你要过钱，并且经常只借不还？

10. 你的伴侣、朋友或家人是否在每次外出时都希望你付钱？

你给出肯定回答的问题越多，你就越有可能在一段关系中比对方付出更多努力。如果对方不愿意谈论这个问题，也不愿意为这段感情投入更多，请考虑结束这段关系。

学会用健康的方式应对分歧

如果你还在努力适应一段健康的关系，可能会分不清"争论"和"吵架"之间的不同。与朋友或爱人有分歧，这是健康的，也是正常的。然而，争论和吵架之间有很大的区别。

当两个人在争论时，双方提出各自的关切，并冷静地讨论这些关切引发的问题与感受。此时，不发怒、彼此尊重是可以实现的。

身处一段有毒关系的你很可能觉得提出异议是不安全的。理由很充分——你要么被告知你的需求不重要、没人在乎，或者更糟的是它将招来言语虐待或身体虐待。现在，你的各方面状态已经大有起色，你必须知道，避免争论绝非自我保护的最佳选择。研究表明，在一段健康的关系中，与避而不谈相比，探讨问题并解决它能够明显减轻负面情绪。[1]

当然，避免争论看起来更容易些（至少目前如此）。但是如果你和一个情绪健康的人在一起，"冒险"讨论一个问题能够带来长期的回报。如果你无法忍受二人之间那些健康的分歧，不妨安排一个时间跟对方争论一番。这听起来很蠢，甚至有些刻意，但相信我，它是有效的。原因是，第一，它可以防止你们因为这些分歧而吵架；第二，它为热门话题预留了专门的争论时间，避免了平时随意的冷言冷语让战火升级。

确定一个固定的日期和时间，用来应对分歧。每次只聚焦一个问题，话题由你们轮流指定。每次争论不应超过 45 分钟；否则，讨论可能会失控。

争论的发言规则如下：

- 不骂人，不进行人身攻击。
- 不提过往，不翻旧账。
- 不插话打断对方。
- 不要偏离主题。
- 如果任何一方感到不安，允许其离开 10 分钟。

双方各有 15 分钟时间发表对这个话题的看法。然后，用 15 分钟的时间得出结论，要么同意保留不同意见，约个时间再聊一次，或是决定未来要采取的行动。

与情绪健康的人在一起

到现在为止，你可能对有毒之人练就了一双慧眼。你已经知道要寻找哪些迹象，然后内心的警钟就会响起。你很清楚不健康的人是什么样子的。最后，让我们回顾一下，心态健康的人是什么样子的：

- 有边界感。

- 抽出时间去享乐。

- 能把自己照顾好。

- 尝试不同的方式让生活更丰富。

- 接受挫折，认为那是生活的一部分，并在下一次做出改进。

- 知道哪些事非同小可，并会认真对待。

- 清楚地知道，自己和他人都会犯错。

- 清醒地认识到，其他人的行为和想法不归自己负责。

- 为他人提供支持，但不会强制对方依此行事。

- 接受对方的现状，没有不切实际的期待。

- 知道哪些可控，哪些不可控。

你应该拥有健康的关系，获得亲友的关爱。当你与情绪健康的人来往时，你往往会感到更加自信和舒适。人们的态度和情绪是会传染的，所以要慎重选择介入你生命中的伙伴。[2] 向身边那些心态健康的人靠近，也可以进一步扩大朋友圈（请参考第 8 章的建议）。

　　在这一章，你学到了如何在未来避免有毒的关系：记清有毒关系的种种迹象，以及为什么远离有毒之人是如此重要。我们探讨了如何为健康的人际关系奠定基础，包括看清自己的依恋模式，客观评价新朋友，列出自己看重的品质，以及确定展现脆弱的恰当时机。我们介绍了依赖共生关系，还有如何跳出依赖共生的陷阱。同时，我们了解到，分歧是每段关系中自然且重要的一部分，请慢慢体会如何做到"和而不同"。组建一段又一段健康的关系是需要时间的，你可以主动向身边那些善良的和懂得尊重的人靠拢，这将为你节约更多时间，带来更多平和。这一切都是非常值得的，我相信你能做到。

结语：你终将痊愈

下定决心离开有毒的环境是非常困难的，而愈合又是一段需要时间的旅程。不过，我试着用书里的每一个故事告诉你，在康复的旅程中，你并不孤单。每个人都能拥有更快乐、更平静、更健康的生活，这些故事便是最好的证明。

还记得第 2 章的艾雅吗？艾雅没有回复恩佐的短信息。她感觉受到了冒犯——不只是前夫卢在婚姻中的恶行，还有他利用共同好友恩佐充当和事佬来追回她。恩佐和卢都不需要知道任何有关她的情况，更无权干涉她是否愿意复合。在切断所有联系后，艾雅终于能睡着了，不至于在半夜惊醒。这并不是说她能完全松弛下来——愤怒、失望、悲伤仍旧伴随着她。后来，艾雅逐渐跟曾经被她疏远的朋友和家人恢复了联络。她还开始接受治疗，把她对卢的怨恨，以及对自己迟疑太久的愤怒都宣泄出来。艾雅学会了原谅自己，也注意到生活中出现了更多情绪健康的人。她的状态每天都在

好转。

你在前言中见过的哈西姆，最终决定依照公司流程提出辞职，尽管他还没有找好下一份工作。哈西姆意识到，有毒的职场既伤害自己，而且也影响了他与家人和朋友的关系——因为他经常感到愤怒和紧张。做完最后一天的工作，哈西姆享受了几周以来第一个酣睡的夜晚。家人和朋友都说，哈西姆似乎又把自己找回来了。哈西姆目前正在咨询律师，看看前雇主是否存在违法行为。他还在跟职业顾问合作，一边梳理自己的遭遇，一边确定该如何在未来的面试中描述这段经历。哈西姆已经为一份新工作进行了几轮面试，他期待新的开始。但最重要的是，他觉得自己在人际关系中更有存在感了，因为工作的压力终于不再是哈西姆的噩梦。

第 3 章中的塔米和艾萨克终于就业务的切割达成了共识。离婚协议一经签署，塔米立即松了一口气，同时也感到深深的悲伤，这令她始料未及。塔米知道，她再也不会听到艾萨克的消息了。除了这一年的税务申报，以及孩子们在未来的人生大事，他们再无其他理由跟彼此交谈。塔米惊讶地发现，经历过这么多折磨，她竟然很想听到艾萨克的声音。通过心理咨询，塔米明白了这样一个事实：她想念的不是艾萨克，而是有人陪伴左右。但多年以来，艾萨克在婚姻中甚至可以说是缺席的。塔米学到的最宝贵一课是意识到她已经独自生活了很长时间，她知道如何撑下去。塔米身上的韧性帮助她开启新的生活。现在，她又开始约会了，还遇到了一个与两个孩子相处融洽的人。他很善良，也很体贴，塔米觉得他们会有幸福的未来。即使再次分手，塔米知道——她会没事的。

成功离开不健康的人或事，这其中蕴含着巨大的力量。转身离去可能是痛苦的，但这种痛苦远远比不上有毒环境带来的危害，你的价值观和自我价值感都可能因此而崩塌。艾雅、哈西姆和塔米勇敢地选择了从虐待关系或环境中解脱出来——如果你认真研读过本书的建议和日记素材，你也能够做到。

来看一看自从迈出离开的第一步之后你已经走了多远吧：

- 选择阅读本书，很可能是因为你在婚姻、友情、家庭或工作中遇见过有毒之人。通过第 1 章，你认清了是什么让一段关系变得有毒，为什么你会陷入其中，以及为什么你不愿离开。

- 与有毒之人"零接触"通常是将隐性虐待从生活中移除的最好方法。在第 2 章中，你学会了如何在自己和有毒之人之间保持必要的距离。出于职场共事或抚养子女等需求，如果"零接触"无法实现，也应尽量减少接触。

- 虽然你可能希望从有毒之人那里得到满意的结果，以便开启新的生活，但对方很难让你如愿。在第 3 章，你通过日记、良好的自我关怀，或是一封未寄出的信为这段关系画上句号。也许你还意识到，就算没有圆满的结果，你同样能过上幸福的生活。

- 由于没有尽早离开这段关系或疏远了值得信任的家人、朋友，你会对自己感到愤怒。第 4 章指出，没有人能够对隐性虐待终身免疫。请你放下愤怒，原谅自己。

- 在第 5 章，你重新建立了界限，让人们知道了你的原则，这也是建立自信、健康互动的前提。现在的你，能够对耗尽自身精力的人或事说"不"，让自己受到

尊重，还能心安理得地退出那些不对劲、不靠谱的
行动。

- 你成功意识到了心理治疗在康复旅程中的作用。读完
  第 6 章之后，我希望你预约了心理健康专家（为了找
  到最适合自己的心理咨询师，完全可以多尝试几次）。

- 践行自我关怀在任何时候都是必不可少的，但是在离
  开有毒的环境后，你可能忽视了对自己的照顾。参考
  第 7 章的建议，每天都抽出时间关照自己吧。

- 在有毒之人身边时，你可能中断了与家人和朋友的联
  络（抑或许家庭是你一切痛苦的来源）。在第 8 章，
  你学会了重新接触心态健康的、支持你的人，或者加
  入合适的支持小组。他们帮助你做回自己。

- 第 9 章让你知道，度过悲伤的唯一方法是体验它。这
  通常很痛苦，你有时甚至会感到无法控制。请放心，
  悲伤的感觉一定会随着时间的推移而减轻。你会好起
  来的。

- 当我们向有需要的人伸出援手时，会使我们的思绪从
  当前经历中脱离出来，并逐步建立新的关系和记忆。
  在第 10 章，你了解到志愿服务如何助力你回归社会。
  如果你准备就绪，可以考虑做一名志愿者，为那些经

历过有毒状况的人提供帮助。

- 最后在第 11 章，你慢慢适应了与他人建立关系的新常态——避开依赖共生的陷阱，设定合理的预期，并适时显露内心的脆弱。有毒的关系已成为过去，健康的人际关系终会回到你的身边。

本书提供了许多建议和技巧，其中一些可能比较容易实现，另一些则不然，所以不必一次性全部做到。你可以随时回顾那些更具挑战性的建议，在条件成熟的时候加以尝试。当然，你也可以认定某些建议根本不适合你——只要你努力治愈自己，无论是结交新朋友、参加志愿服务，还是进行心理咨询，这些做法都是有价值的。

作为收尾，我想给你留下一些最后的建议：

首先，如果你有写日记的习惯，无论是通过文字、绘画、涂鸦，还是其他形式，都请经常回顾它们。你的压力和痛苦会释放到你所写的文字上，重温这些文字能让你看到自己的进步。你可能会发现你现在拥有了更健康的关系——对你和你的朋友都是如此。如果你还没有养成写日记的习惯，现在是时候开始了。

第二，虽然我在书中已经表达过很多次，但在这里还是要再说一次：及时向心理健康专家求助，他们可以帮助你应对创伤。你的痛苦都是真实的，你应该得到解脱。心理治疗不仅可以帮助你驱散对施虐者的愤怒，还可以帮助你消解对自己的愤怒。

第三，永远记住，从心理虐待中康复的旅程不存在终点，这条道路上布满荆棘和曲折——最开始，"阳光明媚"的日子多过了"阴雨绵绵"的日子，然后"阴雨绵绵"的日子似乎也没有那么难熬了。但的确会有某个时期，你觉得自己毫无进步。我曾经合作过许多客户，他们都能够从创伤中痊愈，过上快乐、充实、有意义的生活，身边被情绪健康的人环绕。我自然想去帮你按下加速键，但康复是需要时间和深刻内省的。我能确定的是，即使你没有感觉到进步，进步依旧在发生。你可以随时翻开本书，尝试其中的活动和素材，继续你的旅程。

如果你从这本书里只带走一样东西，我希望那是你坚信自己能够从心理虐待中康复。摆在你面前的可能是一条坎坷的道路，不要放弃希望，事情总会好转。你会好起来的。你终将痊愈，重建内心的秩序，找回属于自己的人生。

致谢

感谢我所有的客户，他们慷慨地同意我在书中讲述他们的故事。感谢我的编辑克莱尔·舒尔茨（Claire Schulz）、编辑主任蕾妮·塞德利亚尔（Renee Sedliar）以及我的经纪人卡罗尔·曼（Carol Mann）。感谢阿歇特出版集团（Hachette Go）的每一个人，是你们让这本书成为可能。还要感谢家人和朋友们：比尔·莫尔顿（Bill Moulton）、克劳德·莫尔顿律师（Claude Moulton Esq.）、克里斯蒂娜·惠特尼律师（Christine Whitney Esq.）、R. 迈克尔·西茨（R. Michael Sitz）、斯坎普·莫尔顿（Scamp Moulton）、瓦莱丽·特恩·马瑟恩律师（Valerie Theng Matherne Esq.）、心理学博士阿里·塔克曼（Ari Tuckman PsyD）、罗伯托·奥利瓦迪亚博士（Roberto Olivardia PhD）和医学博士马克·伯廷（Mark Bertin MD）。

术语表

接纳承诺疗法（acceptance and commitment therapy）：这是一种认知行为疗法。在这一疗法中，你学会通过"认知解离"或"去字面化"的做法来减少你与自身想法之间的情感联系。接纳承诺疗法使你看清"想法"的本质，减少它们对你的影响，并帮助你应对不舒服的想法和感觉。要解决你的情绪问题，你需要体验它们，而不是忽视它们或找机会转移注意力。正念冥想与接纳承诺疗法紧密相关。

依恋模式（attachment style）：是指你在人际关系中与他人相处的方式或风格。依恋模式是在童年时期形成的，取决于你的看护者如何与你互动。常见的依恋模式有四种——焦虑型、回避型、混乱型和安全型。焦虑型、回避型和混乱型依恋模式属于不安全型依恋。

界限（boundaries）：是指你对自己和你的人际关系设置的各种健康的准则或限制。有毒之人可能会不断越过你的界限。不同类型的界限包括情感界限、身体界限、性界限、时间界限和心理界限等。

依赖共生关系（codependency）：是指在精神、情感或身体上对伴侣、朋友或家人的不健康的依赖。你觉得有必要对他人的感情或问题负责。你可能过于依赖伴侣或生活中的其他人，以此来寻求认可、目标感或情感的稳定。你可能会为对方的成瘾或虐待行为进行掩饰或开脱。

胁迫控制（coercive control）：用来描述以伤害、惩罚或胁迫他人为目的的虐待行为的术语。胁迫控制包括威胁、恐吓、羞辱和殴打等。在英国，胁迫控制属于刑事犯罪。

认知行为疗法（cognitive–behavioral therapy）：这是一种谈话疗法，经常侧重于认识和改变认知歪曲（错误的内心对话）。当内心对话改变时，你对自己和他人的行为也会改变。

认知解离（cognitive defusion）：是指将一个人从他的思想和情绪中脱离出来，从而减轻痛苦。认知解离是接纳承诺疗法使用的一种技术，它帮助人们把想法和感受看作是语言文字本身，而不是绝对的真理或命令。常用的方法是：承认自己的想法，并将其改写为"我注意到我产生了……这个想法"。

认知失调（cognitive dissonance）：当你接收到的信息与你的信念相矛盾、与你对周围的人和世界的认识不一致时，认知失调就会发生。认知失调会带来困惑、焦虑和抑郁的感觉。

认知同理心（cognitive empathy）：有毒之人看似对你表示同情，但他的话背后却没有任何诚意。有毒之人会推断你的情感状态，迎合你，让你觉得他很在乎你。

同情疲劳（compassion fatigue）：是指帮助他人渡过难关的过程带给身体、情绪和心理方面的影响，耗尽了你的同情能力。同情疲劳又称继发性创伤应激反应。如果你与经历过创伤的人一起工作，除了内心压力过大，你对他人的看法也可能发生明显变化。你可能会经历倦怠，感到疲惫不堪。

夫妻治疗（couples therapy）：这是一种谈话疗法。夫妻双方与心理健康专家会面，讨论夫妻之间当前和过去存在的问题。心理治疗师也可能先对二人分别进行一次单独治疗。

贬低（devaluing）：有毒之人对目标进行"理想化、贬低和抛弃"过程中的一部分。当有毒之人不再重视你的时候，就会开始贬低你、批评你，毫无来由地指责你。

辩证行为疗法（dialectical behavior therapy）：这是一种认知行为疗法，其目标是提高压力容忍度，控制情绪，并在接受和改变之间找到平衡。通过辩证行为疗法你会意识到，感受到对立的情绪是人类经验中正常且常见的一部分。

抛弃（discarding）：有毒之人对目标进行"理想化、贬低和抛弃"过程中的一部分。抛弃发生在有毒之人宣告关系结束之时，通常是因为他为自恋找到了新目标，或是你未能满足他不现实的期望——但你会被视为关系结束的"罪魁祸首"。在这之前有毒之人往往会陷入自恋性暴怒。

经济虐待（economic abuse）：这是家庭暴力的一种形式。施虐者阻止受害者获得经济资源，而受害者被迫依赖施虐者满足经济需求。经济虐待的形式包括强迫受害者交出金融账户和资产、强迫受害者辞职等。

自我排异（ego-dystonic personality）：又称自我失和，指的是拥有与自我形象相冲突的想法和感受。从表面上看这是一件坏事，但拥有这种人格或心态意味着你能认识到什么时候某种行为对你来说不是很好，你可以寻求帮助来纠正它。健康的人往往具有自我排异的人格。参考"自我协调"。

自我协调（ego-syntonic personality）：是指拥有与自我形象、价值观和思维方式相协调的思想和情感。具有这种人格或心态的人认为自己在心理上没有问题，即自己的认知和行为都是合理的，自身行为理应被他人接受。常见于有人格障碍的个体，例如自恋型人格障碍（NPD）。参考"自我排异"。

情感弹药（emotional ammunition）：有毒之人会记下关于

你的弱点的信息，以便在将来利用它们来对付你，这个过程就是在收集情感弹药。

情感勒索（emotionblackmail）：这是一种操纵行为。有毒之人利用内疚、羞愧或威胁来控制你，或你被告知有义务满足某位有毒之人的一切需要。例如，你告诉伴侣你要结束这段关系，而他却称如果你走了，他就会伤害自己。

情感上的亲密（emotional intimacy）：是指与一个人深入且亲密的联系，在这种联系中，你和对方都能展现真实的自我，相互分享想法和感受，不担心被评判。有毒之人可能会借助创伤倾倒、认知同理心和糖衣炮弹轰炸，人为地创造情感上的亲密。真正的情感亲密关系是逐步形成的，不能强行制造。

助长（enabling）：是指扶持一个人的有害、有毒行为——包括淡化有毒之人的问题，为其行为撒谎或找借口，以及付出比当事人更多的努力去纠正其有毒行为。

外部控制点（external locus of control）：是指你的情绪会跟随周围发生的事情而变化。一旦你心情不好，你就很难把自己从中解放出来。与此相反，当你拥有情绪的内部控制点时，你会感到稳定和踏实。参考"内部控制点"。

家庭治疗（family therapy）：这是一种谈话疗法。家庭成员与心理健康专家会面，从动态的视角看待家庭成员的心理问题。家庭成员可能需要分享各自的经历并提供反馈。

和事佬（flying monkey）：这是《绿野仙踪》中西方邪恶女巫的信使。和事佬会帮助有毒之人传递消息，但他们有时并不清楚有毒之人的本质。

伪造未来（future faking）：有毒之人向你许诺你所希望的未来，并祈求复合。一旦你们重新建立了关系，有毒之人就不会兑现承诺，甚至会否认说过那样的话。

情感操控（gaslighting）：字面含义为"煤气灯效应"，这是一种心理和情感虐待的形式。施虐者通过一系列的操纵手段，让受害者质疑他所看到的现实。随着时间的推移，受害者感觉自己好像失去了理智，无法相信自己对世界的认知。

情绪着陆技术（grounding technique）：是指帮助一个人在经历闪回、分裂、焦虑或恐慌时迅速重新聚焦于当下的一种应对策略。该策略可在任何时间或地点进行练习。

团体治疗（group therapy）：是指由心理健康专家组织一群有着相同问题的人进行治疗。团体治疗能帮助来访者看到共性，即其他人也经历过类似的事件、产生过相似的感受。

阴魂不散（hoovering）：指有毒之人试图引诱你重新与他接触，再一次将你吸入有毒的关系中。阴魂不散的形式有许多种，或许是给你发来文字消息，或许是出现在你的住所。有毒之人会向你承诺你们的关系将会变好。参考"伪造未来"。

高度警觉（hypervigilance）：是指经历过有毒的关系或状况后产生的高度警惕状态。你可能有强烈的惊吓反射，时刻都在提防各种危险。这可能是创伤后应激障碍（PTSD）的症状之一。

理想化（idealizing）：有毒之人对目标进行"理想化、贬低和抛弃"过程中的一部分。在这段关系的初始阶段，你做的一切都是正确的——有毒之人将你视若珍宝，但情况很快就变了。参考"甜蜜炮弹轰炸"。

个体治疗（individual therapy）：这是一种谈话疗法。来访者与心理健康专家一对一会面，讨论当前和过去存在的问题。个体治疗包括线上和线下两种形式。为了处理和理解来访者当前的某些行为，来访者可能需要讲述原生家庭的经历。

间歇性强化（intermittent reinforcement）：是指对某一行为进行间歇地、偶然地正强化。间歇性强化具有随机性。与连续性强化相比，间歇性强化所塑造的行为更持久、更难消退，因而容易导致成瘾行为。施虐者可能会间歇性地表现出深情与关爱，使受虐者对其产生强烈的依恋。

内部控制点（internal locus of control）：无论周围发生什么，你的情绪都相当稳定。你觉得自己能够处理大多数事情，因为你会向内寻找力量和复原力。参考"外部控制点"。

模糊的丧失（living or ambiguous loss）：是指那个令你伤感的人会持续存在于你的生活中。例如，与前配偶共同抚养孩子——悲伤不会落幕，你可能会继续感到失落。

甜蜜炮弹轰炸（love-bombing）：这是有毒之人在关系初期对目标进行"理想化"的一种手段，通过深情告白和疯狂送礼物博得你的欢心。一旦你同意交往，甜蜜不复存在，贬低也就开始了。

非适应性应对方式（maladaptive coping）：是指从事高风险行为以逃避愤怒或悲伤等感受。在结束一段有毒的关系或离开有毒的环境后经常发生。例如，增加酒精或药物的摄入、尝试高危性行为、节食或暴饮暴食等。

正念冥想（mindfulness meditation）：这是冥想的一种类型，需要你专注于当下的感觉和感受。其技巧包括专注于呼吸，在冥想过程中保持思维活跃。

自恋（narcissism）：这是一种无视他人需求的自我陶醉和权力感。人们可能有自恋的迹象，但未必会被诊断为自恋型人格障碍（NPD）。

自恋受损（narcissistic injury）：是指一个威胁到自恋者自我的事件。自恋受损可能由自恋者视作"不忠诚"的行为所引发，也可能是由于对方拒绝牺牲健康的界限。自恋者要么会用沉默来搪塞，要么会以自恋性愤怒来回应。

自恋型人格障碍（narcissistic personality disorder）：包含一系列影响一个人的日常交往和形成健康关系的能力的症状。例如，认为自己有权获得"特殊"待遇，剥削利用他人，缺乏同情心，并期望自己能够高人一等。患有自恋型人格障碍的人往往具有自我协调的人格。

自恋性暴怒（narcissistic rage）：当有人与有毒之人划清界限或挑战他的"权威"，导致其自恋受损时，他可能会勃然大怒。自恋性暴怒可以在一瞬间发生，没有任何预警信号，但有毒之人在第二天却可能表现得风平浪静。

自恋供给（narcissistic supply）：自恋者需要他人源源不断的关注，而他选中的目标就是他的自恋供给。当一段关系的新鲜感消失后，或如果他觉得有人对他不忠，他可能会转向新的目标。自恋者在声称自己"专情"的同时，经常还拥有多个目标。他可能会让前任们轮流出现，以满足其自恋情结。

客体恒常性（object constancy）：是指相信一段关系即使在冲突或困难期间仍会保持稳定的能力。有毒之人不相信客体恒常性。关系中的任何冲突都被其视为对自我的威胁，进而导致抛弃或冷战。

反应性虐待（reactive abuse）：是指为了求生存或自保，你会用"暴力"方式对施虐者进行反击。这并不意味着你有虐待行为——然而，有毒之人可能会试图说服你，你才是"真正的"施虐者。

行为塑造（shaping behavior）：是指建立某种行为习惯的过程，即通过强化与期望行为相近的行为来逐步实现期望行为。如果目标是提前一个小时上床睡觉，那么每晚提前 15 分钟上床睡觉就会给期望行为带来正强化，然后将上床时间提前 30 分钟，以此类推。

反社会者（sociopath）：是指知晓是非，但却为了自己的利益而伤害、利用他人，极少考虑他人的情绪，甚至毫无同情心的人。

焦点解决疗法（solution-focused therapy）：这是一种谈话疗法。首先应认清你的优势，然后通过学习各种方法来引导你使用自身能量来治愈自己。焦点解决疗法认为，当你在生活中只改变一件事，使之变得更好，就会带来更多好处。

斯德哥尔摩综合征（Stockholm syndrome）：这是一种情绪反应，即虐待受害者或人质对施虐者或绑架者产生情感依恋或认同。其以斯德哥尔摩的一起挟持抢劫案命名，在这个案件中，人质不仅同情他们的绑架者，而且拒绝指证他们，并为他们的法律辩护筹措资金。斯德哥尔摩综合征是创伤性联结的一种类型。

冷战（stonewalling）：这是一种情感虐待的形式。有毒之人用沉默、搪塞的方式惩罚某人。通常发生在对方坚守界限，或出现有毒之人眼中的"不忠诚"行为之后。

沉没成本效应（sunk cost effect）：是指在投入时间、精力或金钱后继续追求某事（一段关系或其他目标）的倾向，即便最终不会有好的结果。当我们觉得已经投入了时间和精力来经营一段关系时，我们就很难告别这段（有毒的）关系。我们希望自己为了挽救这段关系而放弃的一切都是值得的，我们不曾"浪费时间"。然而，花更多的时间与有毒之人相处，会加剧浪费时间、浪费精力的感觉。

创伤性联结（trauma bonding）：是指虐待的受害者对施虐者产生依恋或同情。创伤性联结可能发生在任何形式的虐待中，包括家庭暴力、儿童虐待、人口贩卖、异教团体和人质劫持等情况。斯德哥尔摩综合征是创伤性联结的一种类型。

创伤倾倒（trauma dump）：是指有毒之人在认识你之后不久就大肆讲述他们的创伤史。这可能是缺乏边界感的表现，也可能是在引诱你进入一段关系。创伤倾倒可被用来人为地创造情感上的亲密。

挑拨离间（triangulation）：是指将两个人对立起来，使他们产生冲突和紧张的关系。例如，有毒之人会误导受害者，说她的姐姐在背后讲她的坏话，而且她"有权知道"。这是有毒之人将受害者与朋友和家人隔离开来的一种伎俩，也是他试图把焦点从虐待行为上转移的一种方式。

替代性创伤（vicarious traumatization）：是指当听到别人的创伤经历时，你会出现焦虑、抑郁和倦怠的症状。你也可能再次体验到自己经历过的创伤。

注释

第 1 章

1. Joan Reid et al., "Trauma Bonding and Interpersonal Violence," in *Psychology of Trauma*, ed. Thijs van Leeuwen and Marieke Brouwer (Hauppage, NY: Nova Science Publishers, 2013).

2. Matthew H. Logan, "Stockholm Syndrome: Held Hostage by the One You Love," *Violence and Gender* 5, no. 2 (2018): 67–69, http://doi.org:10.1089/vio.2017.0076.

3. Sara Rego, Joana Arntes, and Paula Magalhães, "Is There a Sunk Cost Effect in Committed Relationships?," *Current Psychology* 37, no. 3 (2018): 508–519, http://doi.org:10.1007/s12144-016-9529-9.

第 2 章

1. Zoe Rejaän, Inge E. van der Valk, and Susan Branje, "Postdivorce Coparenting Patterns and Relations with Adolescent Adjustment," *Journal of Family Issues* (2021), http://doi.org:10.1177/0192513X211030027.

2. Linda Nielsen, "Re-examining the Research on Parental Conflict, Coparenting, and Custody Arrangements," *Psychology, Public Policy, and Law* 23, no. 2 (2017): 211, http://doi.org:10.1037/law0000109.

3. Sara Gale et al., "The Impact of Workplace Harassment on Health in a Working Cohort," *Frontiers in Psychology* 10 (2019): 1181, http://doi.org:10.3389/fpsyg.2019.01181; Shazia Nauman, Sania Zahra Malik, and Faryal Jalil, "How Workplace Bullying Jeopardizes Employees' Life Satisfaction: The Roles of Job Anxiety and Insomnia," *Frontiers in Psychology* 10 (2019): 2292,

http://doi.org:10.3389/fpsyg.2019.02292.

第 3 章

1. Marnin J. Heisel and Gordon L. Flett, "Do Meaning in Life and Purpose in Life Protect Against Suicide Ideation Among Community-Residing Older Adults?," in *Meaning in Positive and Existential Psychology*, ed. Alexander Batthyany and Pninit RussoNetzer (New York: Springer, 2014), 303–324.

2. Matthew Evans, "A Future Without Forgiveness: Beyond Reconciliation in Transitional Justice," *International Politics* 55, no. 5 (2018): 678–692.

3. Karina Schumann and Gregory M. Walton, "Rehumanizing the Self After Victimization: The Roles of Forgiveness Versus Revenge," *Journal of Personality and Social Psychology* (2021), http://doi.org:10.1037/pspi0000367.

4. LaVelle Hendricks et al., "The Effects of Anger on the Brain and Body," *National Forum Journal of Counseling and Addiction* 2, no. 1 (2013): 1–12, http://www.national forum.com/Electronic%20Journal%20Volumes/ Hendricks,%20LaVelle%20The%20Effects%20of%20Anger%20on%20the%20 Brain%20and%20Body%20NFJCA%20V2%20N1%202013.pdf.

第 4 章

1. Diana-Mirela Cândea and Aurora Szentagotai-Tătar, "Shame-Proneness, Guilt-Proneness and Anxiety Symptoms: A Meta-analysis," *Journal of Anxiety Disorders* 58 (2018): 78–106, http://doi.org:10.1016/j.janxdis.2018.07.005; Malgorzata Gambin and Carla Sharp, "The Relations Between Empathy, Guilt, Shame and Depression in Inpatient Adolescents," *Journal of Affective Disorders* 241 (2018): 381–387, http://doi.org:10.1016/j.jad.2018.08.068.

第 5 章

1. Shanhong Luo, "Effects of Texting on Satisfaction in Romantic Relationships: The Role of Attachment," *Computers in Human Behavior* 33 (2014): 145–152, http://doi.org:10.1016/j.chb.2014.01.014.

2. Luo, "Effects of Texting on Satisfaction in Romantic Relationships."

3. Shanhong Luo and Shelley Tuney, "Can Texting Be Used to Improve Romantic Relationships?—The Effects of Sending Positive Text Messages on Relationship Satisfaction," *Computers in Human Behavior* 49 (2015): 670–678, http://doi.org:10.1016/j.chb.2014.11.035.

4. Laurel A. Milam et al., "The Relationship Between Self-Efficacy and Well-Being Among Surgical Residents," *Journal of Surgical Education* 76, no. 2 (2019): 321–328, http://doi.org:10.1016/j.jsurg.2018.07.028; Ulrich Orth, Ruth Yasemin Erol, and Eva C. Luciano, "Development of Self-Esteem from Age 4 to 94 Years: A Meta-analysis of Longitudinal Studies," *Psychological Bulletin* 144, no. 10 (2018): 1045–1080, http://doi.org:10.1037/bul0000161.

5. Zahra Mirbolook Jalali, Azadeh Farghadani, and Maryam Ejlali-Vardoogh, "Effect of Cognitive-Behavioral Training on Pain Self-Efficacy, Self-Discovery, and Perception in Patients with Chronic Low-Back Pain: A Quasi-Experimental Study," *Anesthesiology and Pain Medicine* 9, no. 2 (2019): e78905, http://doi.org:10.5812/aapm.78905.

6. Edward Kruk, "Parental Alienation as a Form of Emotional Child Abuse: Current State of Knowledge and Future Directions for Research," *Family Science Review* 22 no. 4 (2018): 141–164; Wilfrid von Boch-Galhau, "Parental Alienation (Syndrome)—A Serious Form of Child Psychological Abuse," *Mental Health and Family Medicine* 14 (2018): 725–739.

第 7 章

1. Hyon Joo Hong et al., "Correlations Between Stress, Depression, Body Mass Index, and Food Addiction Among Korean Nursing Students," *Journal of Addictions Nursing* 31, no. 4 (2020): 236–242, http://doi.org:10.1097/JAN.0000000000000362.

2. Kathleen Mikkelsen et al., "Exercise and Mental Health," *Maturitas* 106 (2017): 48–56, http://doi.org:10.1016/j.maturitas.2017.09.003.

3. Shadab A. Rahman et al., "Characterizing the Temporal Dynamics of Melatonin and Cortisol Changes in Response to Nocturnal Light Exposure," *Scientific Reports* 9, no. 1 (2019): 19720, http://doi.org:10.1038/s41598-019-54806-7.

4. Rohan Nagare et al., "Nocturnal Melatonin Suppression by Adolescents and Adults for Different Levels, Spectra, and Durations of Light Exposure," *Journal of Biological Rhythms* 34, no. 2 (2019): 178–194, http://doi.org:10.1177/0748730419828056.

5. Ariel Shensa et al., "Social Media Use and Depression and Anxiety Symptoms: A Cluster Analysis," *American Journal of Health Behavior* 42, no. 2 (2018): 116–128, http://doi.org:10.5993/AJHB.42.2.11.

6. Rasan Burhanand Jalal Moradzadeh, "Neurotransmitter Dopamine (DA) and Its Role in the Development of Social Media Addiction," *Journal of Neurology & Neurophysiology* 11, no. 7 (2020): 507.

第 8 章

1. Jon M. Taylor, *The Case (for and) Against Multi-Level Marketing*, Consumer Awareness Institute, 2011, https://www.ftc.gov/sites/default/files/documents/public_comments/trade-regulation-rule-disclosure-requirements-and-prohibitions-concerning-business-opportunities-ftc.r511993-00008%C2%A0/00008-57281.pdf.

2. Michael J. Rosenfeld, Reuben J. Thomas, and Sonia Hausen, "Disintermediating Your Friends: How Online Dating in the United States Displaces Other Ways of Meeting," *Proceedings of the National Academy of Sciences* 116, no. 36 (2019): 17753–17758, http://doi.org:10.1073/pnas.1908630116.

3. Nur Hafeeza Ahmad Pazil, "Face, Voice and Intimacy in Long-Distance Close Friendships," *International Journal of Asian Social Science* 8, no. 11 (2018): 938–947, http://doi.org:10.18488/journal.1.2018.811.938.947.

第 9 章

1. S. E. Kakarala et al., "The Neurobiological Reward System in Prolonged Grief Disorder (PGD): A Systematic Review," *Psychiatry Research: Neuroimaging* 303 (2020): 111135, http://doi.org:10.1016/j.pscychresns.2020.111135.

2. Tina M. Mason, Cindy S. Tofthagen, and Harleah G. Buck, "Complicated Grief: Risk Factors, Protective Factors, and Interventions," *Journal of Social Work in End-of-Life & Palliative Care* 16, no. 2 (2020): 151–174, http://doi.org:10.1080/15524256.2020.1745726; Anna Parisi et al., "The Relationship Between Substance Misuse and Complicated Grief: A Systematic Review," *Journal of Substance Abuse Treatment* 103 (2019): 43–57, http://doi.org:10.1016/j.jsat.2019.05.012.

3. Jie Li, Jorge N. Tendeiro, and Margaret Stroebe, "Guilt in Bereavement: Its Relationship with Complicated Grief and Depression," *International Journal of Psychology* 54, no. 4 (2019): 454–461, http://doi.org:10.1002/ijop.12483; Satomi Nakajima, "Complicated Grief: Recent Developments in Diagnostic Criteria and Treatment," *Philosophical Transactions of the Royal Society B: Biological Sciences* 373, no. 1754 (2018): 20170273, http://doi.org:10.1098/rstb.2017.0273.

4. Nooshin Pordelan et al., "How Online Career Counseling Changes Career Development: A Life Design Paradigm," *Education and Information Technologies* 23, no. 6 (2018): 2655–2672, http://doi.org:10.1007/s10639-018-9735-1.

5. Zuleide M. Ignácio et al., "Physical Exercise and Neuroinflammation in Major Depressive Disorder," *Molecular Neurobiology* 56, no. 12 (2019): 8323–8235, http://doi.org:10.1007/s12035-019-01670-1.

6. Anne Richards, Jennifer C. Kanady, and Thomas C. Neylan, "Sleep Disturbance in PTSD and Other Anxiety-Related Disorders: An Updated Review of Clinical Features, Physiological Characteristics, and Psychological and

Neurobiological Mechanisms," *Neuropsychopharmacology* 45, no. 1 (2020): 55–73, http://doi.org:10.1038/s41386-019-0486-5.

第 10 章

1. Robab Jahedi and Reza Derakhshani, "The Relationship Between Empathy and Altruism with Resilience Among Soldiers," *Military Psychology* 10, no. 40 (2020): 57–65.

2. R. Horowitz, "Compassion Cultivation," in *The Art and Science of Physician Wellbeing*, ed. Laura Weiss Roberts and Mickey Trockel (New York: Springer International Publishing, 2019): 33–53.

3. Priyanka Samuel and Smita Pandey, "Life Satisfaction and Altruism Among Religious Leaders," *International Journal of Indian Psychology* 6, no. 1 (2018): 89–95, http://doi.org:10.25215/0601.031.

4. Yi Feng et al., "When Altruists Cannot Help: The Influence of Altruism on the Mental Health of University Students During the COVID-19 Pandemic," *Globalization and Health* 16, no. 1 (2020): 1–8, http://doi.org:10.1186/s12992-020-00587-y.

5. Jerf W. K. Yeung, Zhuoni Zhang, and Tae Yeun Kim, "Volunteering and Health Benefits in General Adults: Cumulative Effects and Forms," *BMC Public Health* 18, no. 1 (2017): 1–8, http://doi.org:10.1186/s12889-017-4561-8.

6. M. G. Monaci, L. Scacchi, and M. G. Monteu, "Self-Conception and Volunteering: The Mediational Role of Motivations," *BPA—Applied Psychology Bulletin (Bollettino Di Psicologia Applicata)* 285 (2019): 38–50.

7. Dana C. Branson, "Vicarious Trauma, Themes in Research, and Terminology: A Review of Literature," *Traumatology* 25, no. 1 (2019): 2, http://doi.org:10.1037/trm0000161.

第 11 章

1. Dakota D. Witzel and Robert S. Stawski, "Resolution Status and Age

as Moderators for Interpersonal Everyday Stress and Stressor-Related Affect," *Journals of Gerontology: Series B* (2021): gbab006, http://doi.org:10.1093/geronb/gbab006.

2. Laura Petitta and Lixin Jiang, "How Emotional Contagion Relates to Burnout: A Moderated Mediation Model of Job Insecurity and Group Member Prototypicality," *International Journal of Stress Management* 27, no. 1 (2020): 12–22, http://doi.org:10.1037/str0000134.